全国高等职业教育机电类专业“十二五”规划教材

可编程序控制器应用技术教程（欧姆龙系列）

洪　应　主　编
魏忠凯　副主编

中国铁道出版社
CHINA RAILWAY PUBLISHING HOUSE

内容简介

可编程控制器（PLC）是集成了自动化技术、微电子技术、计算机技术、通信技术，以工业自动化为目标的控制装置。

本书重点介绍欧姆龙 CPM2*系列 PLC 的组成、原理、指令和编程方法，深入浅出地讨论了 PLC 控制系统的设计方法。

本书在内容的组织上以大量的案例为基础，读者可通过对实例的阅读加深对指令的理解，从而掌握指令的应用，使读者在最短的时间解决 PLC 控制系统的程序编写问题。本书共分 9 章，主要内容包括：PLC 相关基础知识、PLC 的基本指令和常用的控制方法、基于时间环节的控制方法、基于计数环节的控制方法、欧姆龙 PLC 的应用指令功能和使用方法、子程序控制技术、顺序控制技术、PLC 在机床改造中的应用、欧姆龙 PLC 的编程环境和调试技术。

本书适合作为高职院校学生学习 PLC 课程的教材，也可作为广大 PLC 爱好者以及其他技术人员的参考用书。

图书在版编目（CIP）数据

可编程序控制器应用技术教程（欧姆龙系列）/洪应主编. --北京：中国铁道出版社，2012.7

（全国高等职业教育机电类专业“十二五”规划教材）

ISBN 978-7-113-14606-1

Ⅰ. ①可… Ⅱ. ①洪… Ⅲ. ①可编程序控制器-高等职业教育-教材 Ⅳ. ①TM571.6

中国版本图书馆 CIP 数据核字（2012）第 083228 号

书　　名：可编程序控制器应用技术教程（欧姆龙系列）
作　　者：洪　应　主编

策　　划：秦绪好　　　　读者热线：400-668-0820
责任编辑：祁　云
编辑助理：绳　超
封面设计：刘　颖
责任印制：李　佳

出版发行：中国铁道出版社（100054，北京市西城区右安门西街 8 号）
网　　址：http://www.51eds.com
印　　刷：三河市华丰印刷厂
版　　次：2012 年 7 月第 1 版　　2012 年 7 月第 1 次印刷
开　　本：787mm×1092mm　1/16　**印张**：9.75　**字数**：228 千
印　　数：1～3 000 册
书　　号：ISBN 978-7-113-14606-1
定　　价：22.00 元

FOREWORD | 前 言

《可编程序控制器应用技术教程（欧姆龙系列）》为“全国高等职业教育机电类专业“十二五”规划教材”之一，本书面向高职院校的学生和现代化工业工程技术人员。本书的基本特色是：对理论知识做“淡化”处理；对实际技能做“强化”处理；以具体的案例为基础，分析线路工作原理，剖析系统设计的过程和方法。

可编程控制器（PLC）由于具有控制能力强、可靠性高、编程简单等特性，已经成为工业自动化设备的主导产品。机电一体化技术、自动化技术等都依靠 PLC 技术。作为这类行业的从业者，无论是产品的设计人员、维护人员、推销人员等都必须掌握这门技术。

对于初学者，总是希望尽快掌握这门技术，希望能走捷径，在最短的时间内突破 PLC 技术的“瓶颈”。事实上，这种捷径是有的，PLC 技术的核心就是梯形图的编程，而梯形图程序设计的核心是基于顺序控制的功能表（SFC）图的梯形图设计，抓住核心的核心，也就突破了“瓶颈”。

本书从最简单的梯形图入手，循序渐进，以大量的应用实例为基础，使读者在没有任何 PLC 知识的前提下掌握梯形图程序设计方法，掌握 PLC 的应用技术。通过学习本书，读者可以很快入门并将 PLC 技术应用到工作中。

本书以欧姆龙 CPM2*系列小型 PLC 为平台，内容的组织上以简单、实用、易懂的应用实例为框架，这些实例取材广泛，有面向工业控制的电动机、机床等控制；有日常生活中咖啡机的控制、广场喷泉等的控制。实例的应用性和趣味性很强，由于贴近生活、贴近生产，读者在阅读本书时将不再感到乏味。

考虑到很多初学者可能手中没有 PLC 供调试程序，本书介绍了 CX-Programmer 编程软件下的 Simulator 仿真平台，这样读者即使没有 PLC 设备也可以学习 PLC，本书的所有程序都经过测试。

本书由洪应任主编，魏忠凯任副主编，在编写过程中得到了安徽职业技术学院的程周、孙忠献、杨林国、常辉、胡继胜、宋国富、李治国的大力支持，在此表示诚挚的感谢。

由于时间仓促，编者水平有限，书中错误和不妥之处在所难免，敬请广大读者批评指正。

编　者

2012 年 4 月

CONTENTS | # 目 录

第 1 章　认识可编程序控制器 1

1.1　可编程序控制器简介 1

1.1.1　可编程序控制器的基本构成 1

1.1.2　可编程序控制器的特点 3

1.1.3　可编程序控制器的应用领域 4

1.2　可编程序控制器的应用现状 5

1.2.1　可编程序控制器的发展 5

1.2.2　可编程序控制器的现状与未来展望 6

1.3　可编程序控制器的资源简介 7

1.3.1　微处理器 7

1.3.2　存储器 7

1.3.3　输入单元 8

1.3.4　输出单元 8

1.4　可编程序控制器的工作过程 8

小结 9

习题 9

第 2 章　可编程序控制器控制技术基础 10

2.1　可编程序控制器的编程语言概述 10

2.1.1　可编程序控制器编程语言的特点 10

2.1.2　常用的编程语言 11

2.2　欧姆龙 CMP2A 系列可编程序控制器的存储器资源 14

2.2.1　内部继电器区（IR） 15

2.2.2　特殊功能继电器区（SR） 15

2.2.3　辅助继电器区（AR） 18

2.2.4　保持继电器区（HR） 22

2.2.5　暂存继电器区（TR） 22

2.2.6　连接继电器（LR） 22

2.2.7　定时器/计数器（TC） 22

2.2.8　数据存储区（DM） 23

2.3　基本指令与控制 23

2.3.1　输入端子、输入继电器、常开触点、输出端子、输出继电器与触点 23

2.3.2　常闭触点 24

2.3.3　触点的串联 26

2.3.4 自锁控制……27
2.3.5 互锁控制……29
2.3.6 并联控制……31
2.3.7 串联控制……33
2.4 多设备启动和停止……34
小结……37
习题……37
第 3 章 定时控制技术……38
3.1 定时器指令（TIM）……38
3.1.1 定时器指令梯形图符号……38
3.1.2 定时器指令的操作……38
3.2 定时控制……40
3.2.1 得电定时控制……40
3.2.2 得电延时控制……43
3.2.3 失电延时控制……44
3.3 周期信号……47
3.3.1 脉冲与方波周期信号……47
3.3.2 脉宽调制（PWM）信号……49
小结……54
习题……54
第 4 章 计数控制技术……55
4.1 计数器指令（CNT）……55
4.1.1 计数器指令梯形图符号……55
4.1.2 计数器指令的操作……55
4.2 定值计数触发事件控制……57
4.2.1 单计数器定值计数触发事件控制……57
4.2.2 级联计数定值计数触发事件控制……58
4.3 事件统计控制……61
4.3.1 单计数器事件统计控制……61
4.3.2 多计数器事件统计控制……64
小结……65
习题……65
第 5 章 应用指令……66
5.1 应用指令基础……66
5.1.1 操作数……66
5.1.2 微分指令……67
5.2 数据传送指令……67

5.2.1 BSET 指令........67
5.2.2 COLL 指令........69
5.2.3 DIST 指令........70
5.2.4 MOV 指令........70
5.2.5 MOVB 指令........71
5.2.6 MOVD 指令........71
5.2.7 MVN 指令........72
5.2.8 XCHG 指令........72
5.2.9 XFER 指令........73
5.3 数据移位指令........73
5.3.1 SFT 指令........73
5.3.2 WFST 指令........75
5.3.3 ASL 指令........75
5.3.4 ASR 指令........76
5.3.5 ROL 指令........76
5.3.6 ROR 指令........77
5.3.7 SLD 指令........78
5.3.8 SRD 指令........78
5.3.9 SFTR 指令........79
5.3.10 ASFT 指令........79
5.4 数据转换指令........80
5.4.1 BIN 指令........80
5.4.2 BCD 指令........81
5.4.3 BINL 指令........81
5.4.4 BCDL 指令........82
5.4.5 MLPX 指令........82
5.4.6 DMPX 指令........84
5.4.7 SDEC 指令........85
5.4.8 ASC 指令........87
5.4.9 HEX 指令........88
5.5 BCD 码计算指令........89
5.5.1 STC 指令........89
5.5.2 CLC 指令........89
5.5.3 ADD 指令........89
5.5.4 SUB 指令........90
5.5.5 MUL 指令........90
5.5.6 DIV 指令........91

5.5.7 ADDL 指令……91
5.5.8 SUBL 指令……92
5.5.9 MULL 指令……93
5.5.10 DIVL 指令……93
5.6 二进制计算指令……94
5.6.1 ADB 指令……94
5.6.2 SBB 指令……95
5.6.3 MLB 指令……96
5.6.4 DVB 指令……96
5.7 逻辑指令……97
5.7.1 COM 指令……97
5.7.2 ADNW 指令……97
5.7.3 ORW 指令……98
5.7.4 XORW 指令……99
5.7.5 XNRW 指令……99
5.8 比较指令……100
5.9 置位和复位指令……100
小结……101
习题……101
第 6 章 子程序控制技术……102
6.1 子程序……102
6.1.1 子程序的概念……102
6.1.2 子程序指令……102
6.2 子程序控制案例……104
小结……108
习题……108
第 7 章 顺序控制技术……109
7.1 顺序控制的思路……109
7.2 步进控制梯形图的编程……110
7.2.1 单流程的步进控制梯形图的编程……110
7.2.2 选择流程的步进梯形图编程……112
7.2.3 并行分支与汇总的步进梯形图编程……115
7.3 顺序控制应用实例……117
小结……122
习题……122
第 8 章 PLC 在机床设备改造中的应用……124
8.1 PLC 在 Z3040 摇臂钻床设备改造中的应用……124

8.2　PLC 在 X62W 万能铣床设备改造中的应用 129
小结 135
习题 135
第 9 章　欧姆龙 PLC 的编程环境和调试技术 136
9.1　编程软件 CX-Programmer 136
9.1.1　CX-Programmer 特性 136
9.1.2　CX-Programmer 的安装 136
9.2　仿真软件 CX-Simulator 的安装 140
9.3　用 CX-Programmer 和 CX-Simulator 进行 PLC 编程和调试 140
9.3.1　CX-Programmer 软件界面及菜单 140
9.3.2　快速使用 CX-Programmer 软件 143
9.3.3　使用 CX-Simulator 仿真软件调试程序 144
小结 145
习题 145
参考文献 146

第1章 认识可编程序控制器

【知识目标】

- 了解可编程序控制器的组成、特点和应用领域。
- 了解可编程序控制器的基本结构以及各结构单元的功能。
- 掌握可编程序控制器的工作过程。

1.1 可编程序控制器简介

可编程序控制器（Programmable Controller，PC）经历了可编程矩阵控制器、可编程顺序控制器、可编程逻辑控制器（Programmable Logic Controller，PLC）和可编程序控制器几个不同时期。为了与个人计算机（Personal Computer，PC）相区别，可编程序控制器仍然简称 PLC。

1987 年，国际电工委员会（International Electrotechnical Commitsion）颁布的 PLC 标准草案中对 PLC 做了如下定义："PLC 是一种专门为在工业环境下应用而设计的数字运算操作的电子装置。它采用可以编制程序的存储器，用来在其内部存储执行逻辑运算、顺序运算、计时、计数和算术运算等操作的指令，并能通过数字式或模拟式的输入和输出，控制各种类型的机械或生产过程。PLC 及其有关的外围设备都应该按易于与工业控制系统形成一个整体，易于扩展其功能的原则而设计。"

1.1.1 可编程序控制器的基本构成

从结构上，PLC 可分为固定式和组合式（模块式）两种。固定式 PLC 包括 CPU 板、I/O 板、显示面板、内存块、电源等，这些元素组合成一个不可拆卸的整体。模块式 PLC 包括 CPU 模块、I/O 模块、内存、电源模块、底板和机架，这些模块可以按照一定规则组合配置。

PLC 实质上是一种专门用于工业控制的计算机，其硬件结构基本上与微型计算机相同，基本构成如下：

1. 电源

PLC 的电源用于为 PLC 各模块的集成电路提供工作电源，在整个系统中起着十分重要的作用。如果没有一个良好的、可靠的电源系统，PLC 是无法正常工作的，因此 PLC 的制造商对电源的设计和制造十分重视。电源输入类型有交流电源（AC 220 V 或 AC 110 V）、直流电源（常用的为 DC 24 V），关于电源的具体要求需要查阅相关的 PLC 工作手册。

2. 中央处理器

中央处理器（CPU）是PLC的控制中枢，是PLC的核心，每套PLC至少有一个CPU。它按照 PLC 系统程序赋予的功能接收并存储从编程设备输入的用户程序和数据；检查电源、存储器、输入/输出（I/O）以及警戒定时器的状态，并能诊断用户程序中的语法错误。当PLC投入运行时，首先它以扫描的方式接收现场各输入装置的状态和数据，并分别存入I/O映像区，然后从用户程序存储器中逐条读取用户程序，经过命令解释后按指令的规定执行逻辑或算术运算并将结果送入I/O映像区或数据寄存器内。等所有的用户程序执行完毕之后，将I/O映像区的各输出状态或输出寄存器内的数据传送到相应的输出装置，如此循环运行，直到停止运行。

为了进一步提高PLC的可靠性，近年来对大型PLC还采用双CPU构成冗余系统，或采用三CPU的表决式系统。这样，即使某个CPU出现故障，整个系统仍能正常运行。

CPU速度和内存容量是PLC的重要参数，它们决定PLC的工作速度。如果特别说明，后文出现的CPU均指微处理器。

3. 存储器

存储器的主要功能是存储程序和PLC运行过程中各种数据。

4. 输入/输出接口电路（I/O模块）

PLC与电气回路的接口是通过输入/输出部分（I/O）完成的。I/O模块集成了PLC的I/O电路，其输入暂存器反映输入信号状态，输出点反映输出锁存器状态。输入模块将电信号变换成数字信号进入PLC系统，输出模块将数字信号变换成电信号。I/O分为开关量输入（DI）、开关量输出（DO）、模拟量输入（AI）、模拟量输出（AO）等模块。现场输入接口电路由光耦合电路和微机的输入接口电路组成，其作用是作为 PLC 与现场控制的接口界面的输入通道。现场输出接口电路由输出数据寄存器、选通电路和中断请求电路组成，其作用是PLC通过现场输出接口电路向现场的执行部件输出相应的控制信号。

常用的I/O分类如下：

（1）开关量：按电压水平分，有AC 220 V、AC 110 V、DC 24 V；按隔离方式分，有继电器隔离和晶体管隔离。

（2）模拟量：按信号类型分，有电流型（4～20 mA，0～20 mA）、电压型（0～10 V，0～5 V，-10～10 V）等；按精度分，有12 bit、14 bit、16 bit等。除了上述通用I/O外，还有特殊I/O模块，如热电阻、热电偶、脉冲等模块。

按I/O点数确定模块规格及数量，I/O模块可多可少，但其操作数量受CPU所能管理的基本配置的能力（即受最大的底板或机架槽数）限制。

5. 底板和机架

大多数模块式PLC使用底板和机架，其作用是：电气上，实现各模块间的联系，使CPU能访问底板上的所有模块；机械上，实现各模块间的连接，使各模块构成一个整体。

6. 功能模块

功能模块有计数、定位等功能模块。

7. 通信模块

通信模块有以太网、RS-485、Profibus-DP 通信模块等。

8. 编程设备

编程器是 PLC 开发应用、监测运行、检查维护不可缺少的器件，用于编程、对系统做一些设定、监控 PLC 及 PLC 所控制的系统的工作状况，但它不直接参与现场控制运行。目前，一般由计算机（运行编程软件）充当编程器。

9. 人机界面

最简单的人机界面是指示灯和按钮，比较普及的是触摸式的一体式操作终端复杂的 PLC 控制系统可以由计算机充当人机界面。

1.1.2　可编程序控制器的特点

1. 可靠性高，抗干扰能力强

PLC 一般应用于工厂环境，条件相对恶劣，直流电动机、电焊机等产生的电火花，可控硅装置，大容量电气设备的切断或投入，变压器的运行以及电磁性等都对 PLC 产生干扰。这就要求 PLC 具有很强的抗干扰能力，否则可能产生误动作甚至引起系统无法运行。

PLC用软件代替大量的中间继电器和时间继电器，仅剩下与输入和输出有关的少量硬件，接线可减少到继电器控制系统的 1/10～1/100，因触点接触不良造成的故障大为减少。

高可靠性是电气控制设备的关键性能。PLC 由于采用现代大规模集成电路技术，采用严格的生产工艺制造，内部电路采取了先进的抗干扰技术，具有很高的可靠性。例如，三菱公司生产的 F 系列 PLC 平均无故障时间高达 30 万 h。一些使用双 CPU 的 PLC 的平均无故障工作时间则更长。从 PLC 的机外电路来说，使用 PLC 构成控制系统，和同等规模的继电接触器系统相比，电气接线及开关接点已减少到数百甚至数千分之一，故障也大幅降低。此外，PLC 带有硬件故障自我检测功能，出现故障时可及时发出警报信息。在应用软件中，应用者还可以编入外围器件的故障自诊断程序，使系统中除 PLC 以外的电路及设备也获得故障自诊断保护。

2. 硬件配套齐全，功能完善，适用性强

PLC 发展到今天，已经形成了大、中、小各种规模的系列化产品，并且已经标准化、系列化、模块化，配备有品种齐全的各种硬件装置供用户选用，用户能灵活方便地进行系统配置，组成不同功能、不同规模的系统。PLC 的安装接线也很方便，一般用接线端子连接外部接线。PLC 有较强的带负载能力，可直接驱动一般的电磁阀和交流接触器，可以用于各种规模的工业控制场合。除了逻辑处理功能以外，现代 PLC 大多具有完善的数据运算能力，可用于各种数字控制领域。近年来，PLC 的功能单元大量涌现，使 PLC 渗透到了位置控制、温度控制、CNC 等各种工业控制中。加上 PLC 通信能力的增强及人机界面技术的发展，使用 PLC 组成各种控制系统变得非常容易。

3. 易学易用，深受工程技术人员欢迎

PLC 作为通用工业控制计算机，是面向工矿企业的工控设备。它接口容易，编程语言易于被工程技术人员接受。梯形图语言的图形符号与表达方式和继电器电路图相当接近，只用 PLC 的少量开关量逻辑控制指令就可以方便地实现继电器电路的功能，为不熟悉电子电路、不懂计算机原理和汇编语言的人使用计算机从事工业控制打开了方便之门。

4. 容易改造

PLC 的梯形图程序一般采用顺序控制设计法。这种编程方法很有规律，很容易掌握。对于复杂的控制系统，设计梯形图的时间比设计继电器系统电路图的时间要少得多。

PLC 用存储逻辑代替接线逻辑，大大减少了控制设备外部的接线，使控制系统设计及建造的周期大为缩短，同时维护也变得容易起来。更重要的是使同一设备经过改变程序改变生产过程成为可能。这很适合多品种、小批量的生产场合。

5. 体积小，重量轻，能耗低

以超小型 PLC 为例，新近出产的品种底部尺寸小于 100 mm，仅相当于几个继电器的大小，因此可将开关柜的体积缩小到原来的 1/2～1/10。它的质量小于 150 g，功率仅数瓦（W）。由于体积小很容易装入机械内部，是实现机电一体化的理想控制设备。

6. 可维护性高

不管器件质量多好，也总有坏的时候，故障总是不可避免。PLC 的维护简单、方便，其可维护性包括两个方面：

① 现在的 PLC 都具有故障自检功能，包括 CPU 异常检测、存储器检测、I/O 总线检测等，PLC 本身的故障能很快被发现。

② PLC 采用模块化的结构保证了找出故障后很快就能排除。

1.1.3 可编程序控制器的应用领域

目前，PLC 在国内外已广泛应用于钢铁、石油、化工、电力、建材、机械制造、汽车、轻纺、交通运输、环保及文化娱乐等各个行业，使用情况大致可归纳为如下几类：

1. 开关量的逻辑控制

这是 PLC 最基本、最广泛的应用领域，它取代传统的继电器电路，实现逻辑控制、顺序控制，既可用于单台设备的控制，也可用于多机群控及自动化流水线。例如，注塑机、印刷机、订书机械、组合机床、磨床、包装生产线、电镀流水线等。

2. 模拟量控制

在工业生产过程当中，有许多连续变化的量，如温度、压力、流量、液位和速度等都是模拟量。为了使可编程序控制器处理模拟量，必须实现模拟量（Analog）和数字量（Digital）之间的 A/D 转换及 D/A 转换。PLC 厂家都生产配套的 A/D 和 D/A 转换模块，使可编程序控制器用于模拟量控制。

3. 运动控制

PLC 可以用于圆周运动或直线运动的控制。从控制机构配置来说，早期直接用于开关量 I/O 模块连接位置传感器和执行机构，现在一般使用专用的运动控制模块。例如，可驱动步进电动机或伺服电动机的单轴或多轴位置控制模块。世界上各主要 PLC 厂家的产品几乎都有运动控制功能，广泛用于各种机械、机床、机器人、电梯等场合。

4. 过程控制

过程控制是指对温度、压力、流量等模拟量的闭环控制。作为工业控制计算机，PLC 能编制各种各样的控制算法程序，完成闭环控制。PID 调节是一般闭环控制系统中用得较多的调节方法。大中型 PLC 都有 PID 模块，目前许多小型 PLC 也具有此功能模块。PID 处理一般是运行专用的 PID 子程序。过程控制在冶金、化工、热处理、锅炉控制等场合有非常广泛的应用。

5. 数据处理

现代 PLC 具有数学运算（含矩阵运算、函数运算、逻辑运算）、数据传送、数据转换、排序、查表、位操作等功能，可以完成数据的采集、分析及处理。这些数据可以与存储在存储器中的参考值比较，完成一定的控制操作，也可以利用通信功能传送到别的智能装置，或将它们打印制表。数据处理一般用于大型控制系统，如无人控制的柔性制造系统；也可用于过程控制系统，如造纸、冶金、食品工业中的一些大型控制系统。

6. 通信及联网

PLC 通信含 PLC 间的通信及 PLC 与其他智能设备间的通信。随着计算机控制的发展，工厂自动化网络发展得很快，各 PLC 厂商都十分重视 PLC 的通信功能，纷纷推出各自的网络系统。新近生产的 PLC 都具有通信接口，使用非常方便。

1.2 可编程序控制器的应用现状

1.2.1 可编程序控制器的发展

1969 年，美国数字设备公司 DEC（DIGTAL）根据上述要求，首先研制出了世界上第一台可编程序控制器 PDP-14，用于通用汽车公司的生产线，取得了满意的效果。

从 PLC 产生到现在，已发展到第四代产品。其过程基本可分为：

第一代 PLC（1969—1972 年）：大多用 1 位机开发，用磁心存储器存储，只具有单一的逻辑控制功能，机种单一，没有形成系列化。

第二代 PLC（1973—1975 年）：采用了 8 位微处理器及半导体存储器，增加了数字运算、传送、比较等功能，能实现模拟量的控制，开始具备自诊断功能，初步形成系列化。

第三代 PLC（1976—1983 年）：随着高性能微处理器及位片式 CPU 在 PLC 中大量的使用，PLC 的处理速度大大提高，从而促使它向多功能及联网通信方向发展，增加了多种特殊功能，如浮点数的运算、三角函数、表处理、脉宽调制输出等，自诊断功能及容错技术发展迅速。

第四代 PLC（1983 年至今）：不仅全面使用 16 位、32 位高性能微处理器、高性能位片式微处理器、RISC（Reduced Instruction Set Computer，精简指令集计算机）系统 CPU 等高级 CPU，而且在一台 PLC 中配置多个微处理器，进行多通道处理，同时生产了大量内含微处理器的智能模块，使得第四代 PLC 产品成为具有逻辑控制功能、过程控制功能、运动控制功能、数据处理功能、联网通信功能的真正名符其实的多功能控制器。

1.2.2 可编程序控制器的现状与未来展望

世界上公认的第一台 PLC 是 1969 年美国数字设备公司（DEC）研制的。限于当时的元器件条件及计算机发展水平，早期的 PLC 主要由分立元件和中小规模集成电路组成，可以完成简单的逻辑控制及定时、计数功能。20 世纪 70 年代初出现了微处理器，人们很快将其引入可编程序控制器，使 PLC 增加了运算、数据传送及处理等功能，完成了真正具有计算机特征的工业控制装置。为了方便熟悉继电器、接触器系统的工程技术人员使用，可编程序控制器采用和继电器电路图类似的梯形图作为主要编程语言，并将参加运算及处理的计算机存储元件都以继电器命名。此时的 PLC 为微机技术和继电器常规控制概念相结合的产物。

20 世纪 70 年代中末期，可编程序控制器进入实用化发展阶段，计算机技术已全面引入可编程序控制器中，使其功能发生了飞跃。更高的运算速度、超小型体积、更可靠的工业抗干扰设计、模拟量运算、PID 功能及极高的性价比奠定了它在现代工业中的地位。20 世纪 80 年代初，可编程序控制器在先进工业国家中已获得广泛应用。这个时期可编程序控制器发展的特点是大规模、高速度、高性能、产品系列化。这个阶段的另一个特点是世界上生产可编程序控制器的国家日益增多，产量日益上升。这标志着可编程序控制器已步入成熟阶段。

20 世纪末期，可编程序控制器的发展特点是更加适应现代工业的需要。从控制规模上来说，这个时期出现了大型机和超小型机；从控制能力上来说，诞生了各种各样的特殊功能单元，用于压力、温度、转速、位移等各式各样的控制场合；从产品的配套能力来说，生产了各种人机界面单元、通信单元，使应用可编程序控制器的工业控制设备的配套更加容易。目前，可编程序控制器在机械制造、石油化工、冶金钢铁、汽车、轻工业等领域的应用都得到了长足的发展。

我国可编程序控制器的引进、应用、研制、生产是伴随着改革开放开始的。最初是在引进设备中大量使用了可编程序控制器，接下来在各种企业的生产设备及产品中不断扩大了 PLC 的应用。目前，我国自己已可以生产中小型可编程序控制器。上海东屋电气有限公司生产的 CF 系列、杭州机床电器厂生产的 DKK 及 D 系列、大连组合机床研究所生产的 S 系列、苏州电子计算机厂生产的 YZ 系列等多种产品已具备了一定的规模并在工业产品中获得了应用。此外，无锡华光公司、上海乡岛公司等中外合资企业也是我国比较著名的 PLC 生产厂家。可以预期，随着我国现代化进程的深入，PLC 在我国将有更广阔的应用空间。

21 世纪，PLC 会有更大的发展。从技术上看，计算机技术的新成果会更多地应用于可编程序控制器的设计和制造上，会有运算速度更快、存储容量更大、智能更强的品种出现；从产品规模上看，会进一步向超小型及超大型方向发展；从产品的配套性上看，产品的品种会更丰富、规格更齐全，完美的人机界面、完备的通信设备会更好地适应各种工业控制场合的需求；从市场上看，各国各自生产多品种产品的情况会随着国际竞争的加剧而打破，会出现少数几个品牌垄断国际市场的局面，会出现国际通用的编程语言；从网络的发展情况来看，可编程序控制器和其他工业控制计算机组网构成大型的控制系统是可编程序控制器技术的发展方向。目前的计算机集散控制系统（Distributed Control System，DCS）中已有大量的可编程序控制器应用。伴随着计算机网络的发展，可编程序控制器作为自动化控制网络和国际通用网络的重要组成部分，将在工业及工业以外的众多领域发挥越来越大的作用。

1.3 可编程序控制器的资源简介

PLC 的种类繁多，但是其内部资源基本相同，图 1-1 给出了 PLC 的内部资源。

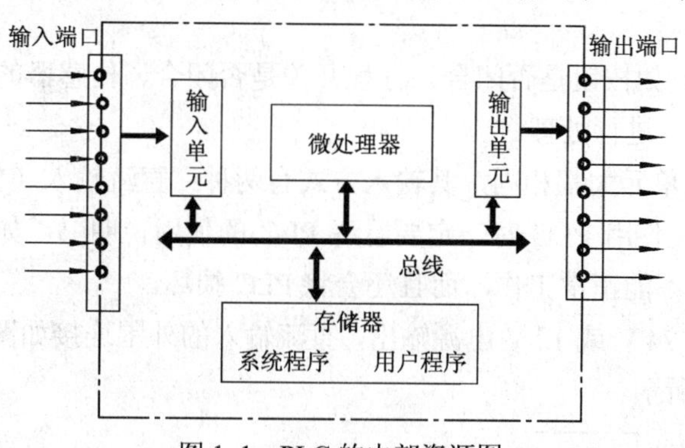

图 1-1 PLC 的内部资源图

由图 1-1 可以看出 PLC 的内部资源类似于计算机，主要由微处理器、存储器、输入和输出单元组成。

1.3.1 微处理器

微处理器用于执行存储在 PLC 存储器中的程序，PLC 采用的微处理器有 3 种：

1. 通用微处理器

小型 PLC 一般采用 8 位的 CPU，如 MC6800 等，大中型 PLC 采用 32 位或 64 位的 CPU，如奔腾处理器。通用微处理器的优点是：价格便宜、通用性强、技术成熟。

2. 单片微处理器

单片微处理器既是单片机，在一块集成电路上集成有定时器、CP32U、存储器、通信端口等多个功能单元，单片微处理器有可靠性高、易于扩展等优点，很适合于小型的 PLC，如三菱的 FX2N 系列用的就是 Intel 8098 单片机。

3. 位片式微处理器

位片式微处理器 4 位为一片，几个位片式微处理器相连可以组成任意字长的微处理器。

1.3.2 存储器

PLC 的存储器用于存储系统程序、用户编写的程序和数据，包括系统存储器和用户存储器。

1. 系统存储器

系统存储器用于存储 PLC 生产厂家编写的控制 PLC 正常工作的系统程序，PLC 的使用者不能更改，没有系统程序，PLC 将无法工作。

2. 用户存储器

用户存储器用于存储用户编写的程序以及程序执行过程中的数据。用户存储器的内容由用户根据需要修改。存放在用户存储器中的程序即使在 PLC 断电的情况下也可长期保存。

1.3.3 输入单元

外围设备的状态，如按钮是否闭合、行程开关是否闭合、传感器的状态等通过输入端子进入输入单元，由 PLC 进行处理。

各种 PLC 的输入单元大都相同，其输入方式有两种：直流输入（12 V 或 24 V）与交流输入（220 V），用户在使用 PLC 时一定要看清 PLC 的使用说明书，如果把直流输入端子接成交流方式 PLC 肯定不能正常工作，而且还会将 PLC 损坏。

一般的 PLC 都带 24 V 或 12 V 电源输出，直流输入的外围连接如图 1-2 所示，交流输入的外围连线如图 1-3 所示。

图 1-2　直流输入　　图 1-3　交流输入

1.3.4 输出单元

程序的执行结果通过输出单元控制执行机构，如接触器、电磁阀等，通过执行机构实现对设备的控制。

PLC 的输出类型有 3 种：继电器输出、晶体管输出和晶闸管输出。晶体管输出适用于直流负载，其特点是动作频率高、响应速度块，但带负载能力小；晶闸管输出适用于交流负载，其特点是响应速度块，但带负载能力小；继电器输出适用于交流和直流负载，其特点是带负载能力强，但相应速度低和动作频率慢。

1.4 可编程序控制器的工作过程

PLC 的工作状态有停止（STOP）和运行（RUN）两种，PLC 上有方式选择开关，PLC 处于停止（STOP）状态时只进行内部处理和通信等；PLC 处于运行（RUN）状态时执行用户编写的程序。

PLC 采用循环扫描的方式执行用户程序，每个扫描周期分 3 个阶段，即输入、执行和输出，如图 1-4 所示。

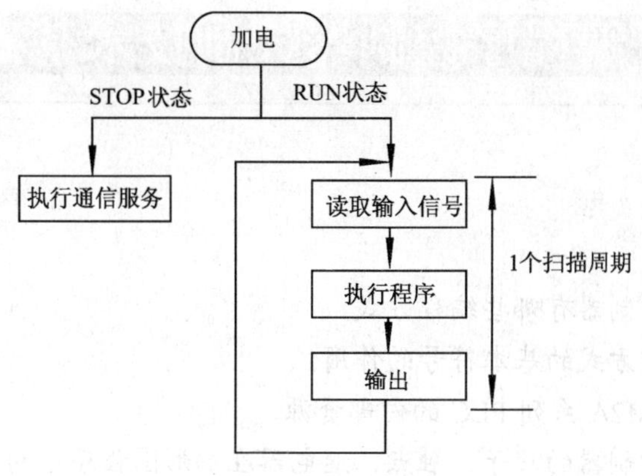

图 1-4　PLC 执行程序

1. 输入阶段

在输入阶段 PLC 扫描所有的输入端子，并将输入端子的状态（即 0 或 1）存入输入映像寄存器，输入映像寄存器的内容被刷新，然后关闭输入通道，转入程序执行阶段。在执行和输出阶段，无论外部信号如何变化，输入映像寄存器的内容保持不变，直到下一个扫描周期的输入阶段才能重新写入输入端的内容。

2. 程序执行阶段

PLC 对用户的梯形图程序按由左到右、由上到下的步序逐步执行程序指令。在执行的过程中 CPU 会根据需要读取输入映像寄存器、内部寄存器的值进行算术和逻辑运算并将每步的结果写入相关的寄存器。因此，内部寄存器会随程序的执行不断地刷新。

3. 输出阶段

程序执行完成后将内部寄存器中的所有输出寄存器的状态一次送到输出锁存器中锁存，经过隔离、驱动功率放大电路送到输出端口输出。

小　结

可编程序控制器主要的应用对象是工业设备的控制，应用的范围越来越广泛。随计算机技术的发展，可编程序控制器在硬件和软件上都发展得很快，但其基本结构和基本的工作原理是固定的，在结构上主要组成部分是微处理器、存储器和输入/输出单元，工作的原理是将用户编写的程序扫描执行，扫描的过程为：输入阶段、程序执行阶段和输出阶段。

习　题

1．简述 PLC 的基本结构。

2．简述 PLC 的扫描式工作原理。

3．PLC 的输入端子和输出端子各有什么作用？

第2章 可编程序控制器控制技术基础

【知识目标】

- 了解可编程序控制器有哪些编程方式。
- 掌握梯形图编程方式的基本符号的作用。
- 掌握欧姆龙 CPM2A 系列 PLC 的内部资源。
- 掌握可编程序控制器的端子、触点、继电器在梯形图程序中的作用和引用方法。

【能力目标】

- 掌握触点串联、并联的作用，应用环境和编程方法。
- 掌握自锁、互锁控制技术的应用环境和编程方法。
- 掌握多设备启动和停止的控制方法。
- 掌握梯形图程序的运行跟踪技术。

2.1 可编程序控制器的编程语言概述

2.1.1 可编程序控制器编程语言的特点

PLC 的编程语言与一般计算机语言相比，具有明显的特点，它既不同于高级语言，也不同于一般的汇编语言，它既要满足易于编写，又要满足易于调试的要求。目前，还没有一种对各厂家产品都能兼容的编程语言。例如，三菱公司的产品有其自己的编程语言，OMRON 公司的产品也有其自己的语言。但不管什么型号的 PLC，其编程语言都具有以下特点：

1. 图形式指令结构

程序由图形方式表达，指令由不同的图形符号组成，易于理解和记忆。系统的软件开发者已把工业控制中所需的独立运算功能编制成象征性图形，用户根据自己的需要把这些图形进行组合，并填入适当的参数。在逻辑运算部分，几乎所有的厂家都采用类似于继电器控制电路的梯形图，很容易接受。例如，西门子公司还采用控制系统流程图来表示，它沿用二进制逻辑元件图形符号来表达控制关系，直观易懂。较复杂的算术运算、定时计数等，一般也参照梯形图或逻辑元件图给予表示，虽然象征性不如逻辑运算部分，但也受用户欢迎。

2. 明确的变量常数

图形符相当于操作码，规定了运算功能，操作数由用户填入，如#400。PLC 中的变量和常数以及其取值范围由产品型号决定，可查阅产品目录手册。

3. 简化的程序结构

PLC 的程序结构通常很简单，典型的为块式结构，不同块完成不同的功能，使程序的调试者对整个程序的控制功能和控制顺序有清晰的概念。

4. 简化应用软件生成过程

使用汇编语言和高级语言编写程序，要完成编辑、编译和连接 3 个过程，而使用编程语言，只需要编辑一个过程，其余由系统软件自动完成，整个编辑过程都是在人机对话下进行的，不要求用户有高深的软件设计能力。

5. 强化调试手段

无论是汇编程序调试，还是高级语言程序调试，都是令编辑人员头疼的事，而 PLC 的程序调试提供了完备的条件。使用编程器，利用 PLC 和编程器上的按键、显示、内部编辑、调试、监控等，在软件支持下，其诊断和调试操作都很简单。

总之，PLC 的编程语言是面向用户的，对使用者不要求具备高深的知识，不需要长时间的专门训练。

2.1.2 常用的编程语言

PLC 最常用的两种编程语言：一是梯形图，二是助记符语言表。采用梯形图编程，直观易懂，但需要一台个人计算机及相应的编程软件；采用助记符形式便于实验，因为它只需要一台简易编程器，而不必用昂贵的图形编程器或计算机来编程。

一些高档的 PLC 还具有与计算机兼容的 C 语言、BASIC 语言、专用的高级语言（如西门子公司的 GRAPH5、三菱公司的 MELSAP）、布尔逻辑语言、通用计算机兼容的汇编语言等。但不管怎么样，各厂家的编程语言都只能适用于本厂的产品。

1. 编程指令

指令是告知 PLC 要做什么，以及怎样去做的代码或符号。从本质上讲，指令只是一些二进制代码，这点 PLC 与普通的计算机是完全相同的。同时 PLC 也有编译系统，它可以把一些文字符号或图形符号编译成机器码，所以用户看到的 PLC 指令一般不是机器码而是文字代码或图形符号。常用的助记符语句用英文文字（可用多国文字）的缩写及数字代表各相应指令。常用的图形符号即梯形图，它类似于电气原理图的符号，易为电气工作人员所接受。

2. 指令系统

一个 PLC 所具有的指令的全体称为该 PLC 的指令系统。它包含着指令的多少，各指令都能干什么事，代表着 PLC 的功能和性能。一般来讲，功能强、性能好的 PLC，其指令系统必然丰富，实现的功能多。在编程之前必须弄清 PLC 的指令系统。

3. 程序

PLC 指令的有序集合称为程序，PLC 运行程序可进行相应的工作。当然，这里的程序是指 PLC 的用户程序。用户程序一般由用户设计，PLC 的厂家或代销商不提供。用语句表达的程序不直观，可读性差，特别是较复杂的程序更难读，所以多数程序用梯形图编写。

4. 梯形图

梯形图是通过连线把 PLC 指令的梯形图符号连接在一起的连通图，用以表达所使用的 PLC 指令及其前后顺序，它与电气原理图很相似。它的连线有两种：一为母线，另一为内部横竖线。内部横竖线把一个个梯形图符号指令连成一个指令组，这个指令组一般总是从常开（动合）触点或常闭（动断）触点开始，必要时再继以若干个触点，以建立逻辑关系。最后为输出类指令，实现输出控制，或为数据控制、流程控制、通信处理、监控工作等指令，以进行相应的工作。母线用来连接指令组。图 2-1 所示为欧姆龙 PLC 最简单的梯形图。

图 2-1　最简单的梯形图

PLC 的梯形图中，行上竖直的一对线叫做触点。无斜线穿过它们的符号称为常开触点。有斜线穿过它们的符号称为常闭触点。每个触点上方的数字表示触点对应的操作数地址。梯形图常用概念如下：

(1) 常开触点与常闭触点

梯形图中的每个触点是“通”还是“断”取决于分配给它的位操作数的值，通常把位操作数看做继电器。如果位操作数（继电器）的值为“1”，则常开触点为“通”；如果位操作数（继电器）的值为“0”，则常开触点为“断”。如果位操作数（继电器）的值为“1”，则常闭触点为“断”；如果位操作数（继电器）的值为“0”则常闭触点为“通”，如表 2-1 所示。一般来说，当位操作数（继电器）的值为“1”时，应使用位操作数的常开触点，而当位操作数（继电器）的值为“0”，应使用位操作数的常闭触点。本书后续内容将对如何用继电器代替位操作数进行说明。图 2-2 所示为继电器 0.00 与 1.00 的值为“1”时常开触点与常闭触点的状态；图 2-3 所示为继电器 0.00 与 1.00 的值为“0”时常开触点与常闭触点的状态。

表 2-1　常开触点和常闭触点

位操作数（继电器）的值	常开触点状态	常闭触点状态
1	通	断
0	断	通

图 2-2　继电器的值为“1”时常开触点与常闭触点的状态

图 2-3　继电器的值为“0”时常开触点与常闭触点的状态

(2) 指令的执行条件

在梯形图编程中，一个指令前触点状态的逻辑组合确定了指令执行的组合条件，指令在此条件下执行。

图 2-4 所示的指令 1 的执行条件为继电器 0.00、0.01 和 0.02 的常开触点同时为“通”；指令 2 执行的条件为继电器 1.00 的常闭触点或继电器 1.01 的常开触点为“通”。

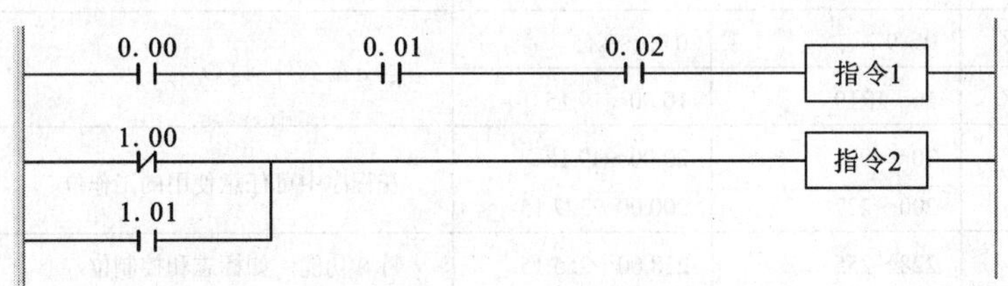

图 2-4　指令的执行条件

(3) 继电器的地址

不同的 PLC，继电器地址的命名方式不同，本书后续主要以欧姆龙 CPM2A 系列 PLC 为例，该类型 PLC 的继电器地址可以是内部继电器（IR）、特殊功能继电器（SR）、保持继电器（HR）、辅助继电器（AR）或定时器/计数器（TC）的任何位。也就是说，在梯形图中的触点可由输入/输出（I/O）位、标志位、工作位、定时器/计数器（TC）等来决定。

继电器的值可以通过梯形图程序设定，也可以通过输入设备的状态设定。例如，图 2-1 所示的继电器 200.01 的值决定于梯形图程序，当继电器 0.01 的常闭触点为“通”时，200.01 的值被设定为“1”，反之则为“0”；而继电器 0.00 和 0.01 的值则决定于 PLC 所接的输入设备的状态。

(4) 助记符指令

助记符指令与梯形图指令有严格的对应关系，而梯形图的连线又可把指令的顺序予以体现。一般来讲，其顺序为：先输入，后输出（含其他处理）；先上，后下；先左，后右。有了梯形图就可将其翻译成助记符程序。图 2-1 的助记符程序如下：

```
LD          0.00
TIM         0000 #999
LDNOT       0.01
OUT         200.01
0004        END
```

反之根据助记符，也可画出与其对应的梯形图。

(5) 梯形图与电气原理图的关系

如果仅考虑逻辑控制，梯形图与电气原理图也可建立起一定的对应关系。例如，梯形图的继电器，对应于继电器的继电器，而输入指令（如 LD，AND，OR）对应于接点，互锁指令（IL、ILC）可看成总开关，等等。这样，原有的继电控制逻辑，经转换即可变成梯形图，再进一步转换，即可变成语句表程序。

有了这个对应关系，用 PLC 程序代表继电逻辑就会很容易。这也是 PLC 技术对传统继电控制技术的继承。

2.2 欧姆龙 CMP2A 系列可编程序控制器的存储器资源

欧姆龙 CMP2A 系列可编写程序控制器的存储器资源如表 2-2 所示。

表 2-2 欧姆龙 CMP2A 系列可编写程序控制器的存储器资源

数据区域		字（通道）	位（继电器）	功能
IR 区	输入区	0～9	0.00～9.15	被分配到外围 I/O
	输出区	10～IR19	10.00～19.15	
	工作区	20～49 200～227	20.00～49.15 200.00～227.15	在程序中可任意使用的工作位
SR 区		228～255	228.00～255.15	特殊功能，如标志和控制位
TR 区			TR0～TR7	临时存储程序分支的状态
HR 区		H0～H19	H0.00～H19.15	当电源断开或运行开始或结束时，这些位用于存储数据或保持电源断开前的状态
AR 区		A0～A23	A0.00～A23.15	特殊功能，如标志位和控制位
LR 区		LR0～LR15	LR0.00～LR15.15	
TC 区		T0～T255		定时器和计数器指令使用
DM 区	读写	DM0～DM1999 DM2022～DM2047		仅以字单元形式访问 DM 区数据。当断开电源时或者开始或停止运行时，可保持字的数值。在程序中可任意地读/写数据区内容
	出错	DM2000～DM2021		用来存储发生错误的时间和出现错误的出错记录。当出错记录功能未使用时，这些字可用作一般读/写 DM
	只读	DM6144～DM6599		程序中不能重新写
	设置	DM6600～DM6655		用来存储控制可编程序控制器运行的各种参数

说明：

- HR 区、AR 区、计数器区和读/写 DM 区的内容由 CPU 单元的电池供电。如果电池被拆卸或失效，这些区内容将丢失并且恢复默认值。（在没有电池的 CPM2A CPU 单元里，这些存储区由一个电容器供电。
- 当访问一个用作字操作数的 TC 号时，可访问定时器或计数器的 PV；当用作一个位操作数时，可访问它的完成标志。
- DM6144～DM6655 中的数据不能由程序重复写入，但它们可由一个编程设备修改。
- 程序和 DM6144～DM6655 中的数据存储在闪存中。

由表 2-2 可以看出，CPM2A 系列 PLC 的存储器资源是由 IR 区、SR 区、TR 区、AR 区、

HR 区、TC 区和 DM 区组成的。每个区都有若干通道，所谓的通道是可存储 16 位二进制数据的存储单元，位（继电器）是通道中的 1 个二进制位，存储 1 位二进制数据。PLC 程序中可对通道进行读/写，也可以对位（继电器）进行读/写。

2.2.1　内部继电器区（IR）

1. 输入继电器

输入继电器是用来接收外部敏感元件或开关的信号，它与 PLC 的输入端子相连接。在 CPM2A 中的输入继电器的地址从 0.00 开始到 9.15 结束，共 160 点，而实际输入点则是根据具体的 PLC 型号来确定。

2. 输出继电器

输出继电器用来将 PLC 的输出信号送给外围设备（接触器、电磁阀），与 PLC 的输出端子相连接。在 CPM2A 中的输出继电器从 10.00 开始到 19.15 结束 ，共 160 点，实际输出点根据具体的 PLC 型号定。

3. 工作继电器

工作继电器用于 PLC 梯形图程序数据的存储，在 CPM2A 中，它的地址是 20.00～49.15、200.00～227.15。

2.2.2　特殊功能继电器区（SR）

特殊功能继电器是用于存储 CPM2A 系列 PLC 的时钟脉冲输出、模拟电位器、高速计数器、计数模式中断等各种功能状态的存储单元。表 2-3 所示为该区继电器的编号和功能。

表 2-3　特殊功能继电器

字	位	功　　能
SR228、SR229	00～15	脉冲输出 PV=0 包含脉冲输出 PV 值（-16 777 215～16 777 215）。SR22915 充当符号位； SR22915 为 ON 时表示一个负数 同一个 PV 数据可通过 PRV(62)指令立即读出 脉冲输出 PV 0 仅用于 ACC(—)指令
SR230、SR231	00～15	脉冲输出 PV=1 包含脉冲输出 PV 值（-16 777 215～16 777 215），SR23315 充当符号位； SR23315 为 ON 时表示一个负数 同一个 PV 数据可通过 PRV(62)指令立即读出
SR232～SR 235	00～15	宏功能输入区 包含用于 MCRO(99)指令的输入操作数 不用于 MCRO(99)指令时，可作为工作位使用
SR236～SR 239	00～15	宏功能输出区 包含用于 MCRO(99)指令的输出操作数 不用于 MCRO(99)指令时，可作为工作位使用

续表

字	位	功能
SR240	00～15	输入中断 00003 计数模式 SV 当计数模式用中使用输入中断 00003 时，存 SV（4 位十六进制数） 当输入中断 00003 未用于计数模式时，可作为工作位使用
SR241	00～15	输入中断 00004 计数模式 SV 当计数模式用中使用输入中断 00004 时，存 SV（4 位十六进制数） 当输入中断 00004 未用于计数模式时，可作为工作位使用
SR242	00～15	输入中断 00005 计数模式 SV 当计数模式用中使用输入中断 00005 时，存 SV（4 位十六进制数） 当输入中断 00005 未用于计数模式时，可作为工作位使用
SR243	00～15	输入中断 00006 计数模式 SV 当计数模式用中使用输入中断 00006 时，存 SV（4 位十六进制数） 当输入中断 00006 未用于计数模式时，可作为工作位使用 10 个 I/O 点的 CPM2C CPU 单元没有输入中断 00006
SR244	00～15	输入中断 00003 计数模式 PV 当计数模式用中使用输入中断 00003 时，存 PV（4 位十六进制数）
SR245	00～15	输入中断 00004 计数模式 PV 当计数模式用中使用输入中断 00004 时，存 PV（4 位十六进制数）
SR246	00～15	输入中断 00005 计数模式 PV 当计数模式用中使用输入中断 00005 时，存 PV（4 位十六进制数）
SR247	00～15	输入中断 00006 计数模式 SV 当计数模式用中使用输入中断 00006 时，存 PV（4 位十六进制数） 10 个 I/O 点的 CPM2A CPU 单元没有输入中断 00006
SR248，SR249	00～15	高速计数器 PV 区 不使用高速计数器时可作为工作位使用
SR250	00～15	模拟量设置 0（仅限于 CPM2A PC） 用于保存模拟量控制 0 上的 4 位 BCD 设定值（0000～0200）
SR251	00～15	模拟量设置 1（仅限于 CPM2A PC） 用于保存模拟量控制 1 上的 4 位 BCD 设定值（0000～0200）
SR252	00	高速计数器复位位
	01～03	未使用
	04	脉冲输出 0 PV 复位位 需将脉冲输出 0 的 PV 清零时，将其置 ON
	05	脉冲输出 1 PV 复位位 需将脉冲输出 1 的 PV 清零时，将其置 ON
	06，07	未使用
	08	外部端口复位位 需复位外部端口时将其置 ON，复位完成后自动变为 OFF
	09	RS-232C 端口复位位 需复位 RS-232C 端口时将其置 ON，复位完成后自动变为 OFF

续表

字	位	功　　　能
SR252	10	PC 设置复位位 需初始化 PC 设置（DM6600～DM6655）时将其置 ON，复位完成后自动变为 OFF。仅在 PC 处于 PROGRAM 模式下有效
	11	强制状态锁定位 OFF：当 PC 在 PROGRAM 模式与 MONITOR 模式间切换时，清除被强制置位/复位的位状态 ON：当 PC 在 PROGRAM 模式与 MONITOR 模式间切换时，保持被强制置位/复位的位状态不变 这个位的状态可通过 PC 设置使其在电源断开时保持不变
	12	I/O 保持位 OFF：在开始或终止运行时复位 IR 和 LR 位 ON：在开始或终止运行时保持 IR 和 LR 位不变 这个位的状态可通过 PC 设置使其在电源断开时保持不变
	13	未使用
	14	错误日志复位位 需清除错误日志时将其置 ON，在操作完成后自动变为 OFF
	15	未使用
SR253	00～07	FAL 错误代码 在发生错误时保存错误代码（2 位标号）。在执行 FAL(06)或 FALS(07)指令时保存错误代码。通过执行 FAL（00）指令或由编程设备清除错误可将此字复位（变为 00）
	08	电池错误标志 当 CPU 单元的备用电池的电压太低时变 ON
	09	循环时间越限标志 发生循环时间越限时变 ON（即循环时间超过 100 ms）
	10，11	未使用
	12	更改 RS-232C 设置标志 在更改 RS-232C 端口的设置时变 ON
	13	始终为 ON 标志
	14	始终为 OFF 标志
	15	第一个循环标志 在开始运行时置 ON 一个循环周期
SR254	00	1 min 时钟脉冲（ON 30 s：OFF 30 s）
	01	0.02 s 时钟脉冲（ON 0.01 s：OFF 0.01 s）
	02	负数标志
	03	未使用
	04	上溢标志（OF） 在进行带符号二进制计算过程中发生上溢时变 ON
	05	下溢标志（UF） 在进行带符号二进制计算过程中发生下溢时变 ON

续表

字	位	功能
SR254	06	微分监控完成标志 在微分监控完成时变ON
	07	STEP(08)指令执行标志 在仅由STEP(08)指令开始运行时置ON一个循环周期
	08～15	未使用
SR255	00	0.1 s时钟脉冲（ON 0.05 s：OFF 0.05 s）
	01	0.2 s时钟脉冲（ON 0.1 s：OFF 0.1 s）
	02	1 s时钟脉冲（ON 0.5 s：OFF 0.5 s）
	03	指令执行出错标志（ER） 在执行执行过程中发生错误时变ON
	04	进位标志（CY） 当指令的执行结果有进位时变ON
	05	大于标志（GR） 当比较指令的运行结果为“大于”时变ON
	06	等于标志（EQ） 当比较指令的运行结果为“等于”时变ON
	07	小于标志（LE） 当比较指令的运行结果为“小于”时变ON
	08～15	未使用

2.2.3 辅助继电器区（AR）

辅助继电器的作用是记录CPM2A系列PLC的动作异常标志、高速计数、脉冲输出动作状态标志、扫描周期等。对于辅助继电器，即使PLC断电也能保持状态不变，辅助继电器的功能如表2-4所示。

表2-4 辅助继电器

字	位	功能	
AR 00，AR 01	00～15	未使用	
AR 02	00	第一个单元的扩展单元错误标志	在相应的单元发生错误时，这些标志变ON
	01	第二个单元的扩展单元错误标志	
	02	第三个单元的扩展单元错误标志	
	03	第四个单元的扩展单元错误标志 （不适用于CPM2A）	
	04	第五个单元的扩展单元错误标志 （不适用于CPM2A）	
	05～07	未使用	
	08～11	所连接I/O单元的数量	
	12～15	未使用	

续表

字	位	功　　能
AR 03～AR 06	00～15	未使用
AR 07	00～11	未使用
	12	仅对批号为 0190O 或以后的 CPM2A CPU 单元有效。（不可用于批号为 3180O 或以前的 CMP2C CPU 单元以及 CPM2A CPU 单元）。参阅 1～3 节 SW2 中的变化获知有关批号信息 ON：CPU 单元上的 SW2 为 ON OFF：CPU 单元上的 SW2 为 OFF
	13～15	未使用
AR 08	00～03	RS-232C 端口错误代码： 0：正确完成 1：奇偶检验错误 2：帧格式错误 3：越限错误
	04	RS-232C 通信错误标志 当发生 RS-232C 端口通信错误时变为 ON
	05	RS-232C 传输就绪标志 当 PC 准备传输数据时变为 ON（仅限于无协议和 Host Link 模式）
	06	RS-232C 接收完成标志 当 PC 数据读取完毕后变为 ON（仅限于无协议模式）
	07	当 PC 数据读取完毕后变为 ON（仅限于无协议模式） 当发生溢出时变为 ON（仅限于无协议模式）
	08～11	外部端口错误代码： 0：正确完成 1：奇偶检验错误 2：帧格式错误 3：越限错误
	12	外部端口通信错误标志 当发生外部端口通信错误时变 ON
	13	外部端口传输就绪标志 当 PC 准备传输数据时变 ON（仅限于无协议和 Host Link 模式）
	14	外部端口接收完成标志 当 PC 数据读取完毕后变 ON（仅限于无协议模式）
	15	外部端口接收溢出标志 当发生溢出时变 ON。（仅限于无协议模式）
AR 09	00～15	RS-232C 端口接收计数器（4 位 BCD 码） 仅在使用无协议通信模式时有效。
AR 10	00～15	外部端口接收计数器（4 位 BCD 码） 仅在使用无协议通信模式时有效

续表

<table>
<tr><th>字</th><th>位</th><th>功能</th></tr>
<tr><td rowspan="9">AR 11</td><td>00～07</td><td>高速计数器范围比较标志：
00 ON：计数器 PV 在比较范围 1 内
01 ON：计数器 PV 在比较范围 2 内
02 ON：计数器 PV 在比较范围 3 内
03 ON：计数器 PV 在比较范围 4 内
04 ON：计数器 PV 在比较范围 5 内
05 ON：计数器 PV 在比较范围 6 内
06 ON：计数器 PV 在比较范围 7 内
07 ON：计数器 PV 在比较范围 8 内</td></tr>
<tr><td>08</td><td>高速计数器比较操作：
ON：运行
OFF：停止</td></tr>
<tr><td>09</td><td>高速计数器上溢/下溢标志：
ON：发生上溢/下溢
OFF：正常运行</td></tr>
<tr><td>10</td><td>未使用</td></tr>
<tr><td>11</td><td>脉冲输出 0 输出状态：
ON：脉冲输出 0 在加速或减速
OFF：脉冲输出 0 正以恒定速率运行</td></tr>
<tr><td>12</td><td>脉冲输出 0 上溢/下溢标志：
ON：发生上溢/下溢
OFF：正常运行</td></tr>
<tr><td>13</td><td>脉冲输出 0 脉冲量设定标志：
ON：已设定脉冲量
OFF：未设定脉冲量</td></tr>
<tr><td>14</td><td>脉冲输出 0 脉冲输出完成标志：
ON：完成
OFF：未完成</td></tr>
<tr><td>15</td><td>脉冲输出 0 输出状态：
ON：停止
OFF：脉冲正在输出</td></tr>
<tr><td rowspan="5">AR 12</td><td>00～11</td><td>未使用</td></tr>
<tr><td>12</td><td>脉冲输出 1 上溢/下溢标志：
ON：发生上溢/下溢
OFF：正常运行</td></tr>
<tr><td>13</td><td>脉冲输出 1 脉冲量设定标志：
ON：已设定脉冲量
OFF：未设定脉冲量</td></tr>
<tr><td>14</td><td>脉冲输出 1 脉冲输出完成标志：
ON：完成
OFF：未完成</td></tr>
<tr><td>15</td><td>脉冲输出 1 输出状态：
ON：停止
OFF：脉冲正在输出</td></tr>
</table>

续表

字	位	功　　　能
AR 13	00	电源接通 PC 设置错误标志 DM6600～DM6614（在电源接通时读取这部分 PC 设置区）中出错时变 ON
	01	启动 PC 设置错误标志 DM6615～DM6644（在运行开始时读取这部分 PC 设置区）中出错时变 ON
	02	运行 PC 设置错误标志 DM6645～DM6655（这部分 PC 设置区被一直读取）中出错时变 ON
	03，04	未使用
	05	循环时间过长标志 当实际循环时间超过 DM6619 中的循环时间设置时变 ON
	06，07	未使用
	08	指定存储区错误标志 程序中指定了一个不存在的数据区地址时变 ON
	09	闪存存储器错误标志 闪存存储器内发生错误时变 ON
	10	只读 DM 区错误标志 只读 DM 区（DM6144～DM6599）内发生校验和错误时变 ON，变此区初始化
	11	PC 设置错误标志 PC 设置区内发生校验和错误变 ON
	12	程序错误标志 程序存储区（UM）内发生校验和错误，或执行不正确的指令时变 ON
	13	扩展指令区错误标志 当在扩展指令分配区内发生校验和错误时变 ON，扩展指令区将被清为缺省设置值
	14	数据保存错误标志 如果数据不能由备用电池保持时变为 ON 通过备用电池将数据保存在如下区域内： DM 可读/写区（DM0000～DM1999 和 DM2022～DM2047），错误日志区（DM2000～DM2021）、HR 区、计数器区、SR25511、SR25512，（如果 DM6601 中的 PC 设置被设为保持 I/O 存储器）、AR23、操作模式（如果 DM6600 被设置为原先操作模式），以及时钟字（CPU 单元带时钟的 AR17～AR21） 如果上述字不能保存，除 AR2114 变为 ON 外，所有数据将被清除。如果 DM6600 被设置为原先操作模式，CPU 单元将以 PROGRAM 模式开始（如果设置的 DM6604 产生一个错误，不管怎样，CPU 将以 PROGRAM 模式开始）
	15	未使用
AR 14	00～15	最大循环时间（4 位 BCD 码） 保存运行过程中最长的循环时间。在运行结束它并非清零，而在重新启动时清零
AR 15	00～15	当前循环时间（4 位 BCD 码） 保存最近的循环时间。当前循环时间不是在运行停止时清零
AR 16	00～15	未使用
AR 17	00～07	分（00～59，BCD）
	08～15	小时（00～59，BCD）
AR 18	00～07	秒（00～59，BCD）
	08～15	分（00～59，BCD）

续表

字	位	功能
AR 19	00～07	小时（00～23，BCD）
	08～15	日（01～31，BCD）
AR 20	00～07	月（01～12，BCD）
	08～15	年（00～99，BCD）
AR 21	00～07	一个星期中的某天（00～06，BCD） 00：星期日 01：星期一 02：星期二 03：星期三 04：星期四 05：星期五 06：星期六
	08～12	未使用
	13	30 s 校正位 将其变为 ON，含入到相邻的分钟时间。当秒数为 00～29 时，将秒数设为 00，并保持其他位不变；当秒数为 30～59 时，将秒数设为 00，并将时间分增加 1 min
	14	时钟终止位 将其变 ON 以终止时钟。在此位为 ON 时可重新设置时间/日期
	15	时钟设定位 需更改时间/日期时，将 AR2114 变 ON，写入新的时间/日期（必须确保 AR2114 为 ON），然后将此位变 ON 以启动新的时间/日期设置。AR2114 和 AR2115 都会自动变为 OFF，时钟将重新启动
AR 22	00～15	未使用
AR 23	00～15	电源关断计数器（4 位 BCD 码） 它记录电源关断的次数 若要清零所计的数，使用编程设备将其写为“0000”

2.2.4 保持继电器区（HR）

该区编号为 HR00～HR19 共 20 个通道，保持继电器使用方法与内部继电器一样，但保持继电器的通道编号必须冠以 HR。在 PLC 断电或 CPM2A 停止运行时，保持继电器值不变。

2.2.5 暂存继电器区（TR）

暂存继电器是在复杂的梯形图回路中不能用助忆符描述的时候，用来对回路分歧点的 ON/OFF 状态作暂存的继电器，仅在用助记符编程时使用。用梯形图编程时使用不到暂存继电器。暂存继电器编号为 TR0～TR7 共 8 个。

2.2.6 连接继电器（LR）

连接继电器用于在 CPM2A 之间、CPM2A 和 CQMl、CPMlA、SRMl 或者 C200HS、C200HX/HX/HG 的 1:1 连接通信时，与对方 PLC 交换数据使用。连接继电器共 16 个通道，通道编号前要冠以 LR。

2.2.7 定时器/计数器（TC）

定时器/计数器共有 128 个通道，编号为 0～127。定时器/计数器统一编号，也就是说如果定时器占用 0 通道则计数器不能再使用 0 通道。定时器、计数器又分 2 种，即普通定时器和高速定时器，普通计数器和可逆计数器。

定时器无断电保持功能，电源断电时定时器复位，计数器有断电保持功能。

2.2.8　数据存储区（DM）

数据存储区是以通道为单位使用的存储器，不能以位方式使用，例如程序中出现 DM0.00 是错误的。PLC 断电或停止运行，数据存储器的值保持不变。

DM0000～DM1999 通道、DM2022～DM2047 通道能够在程序中自由使用；DM2000～DM2021 通道用来存储发生错误的时间和出错记录；DM6144～DM6599 通道不能在程序中写入；DM6600～DM6655 通道用来存储控制 PLC 运行的各种参数。

2.3　基本指令与控制

2.3.1　输入端子、输入继电器、常开触点、输出端子、输出继电器与触点

1. 案例导入

门铃的 PLC 控制。当按下 PB 按钮时门铃 BL 发出声音，放开 PB 按钮时，门铃 BL 停止发声，门铃 BL 完全受控于 PB。

2. 解决方案

(1) 原理与接线

原理如图 2-5 所示，接线如图 2-6 所示。PB 一端接输入端子 0.00，另一端接 PLC 的 24 V 电源；BL 一端接输出端子 10.00，另一端接电源正极（直流）或火线（交流），电源负极或零线接 PLC 输出公共端。

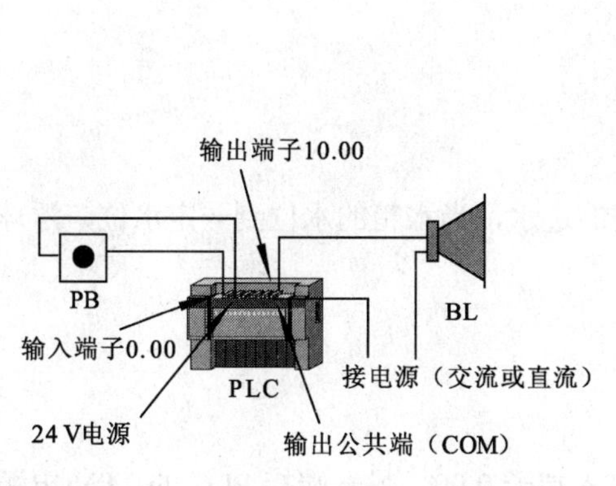

图 2-5　门铃控制 PLC 接线图

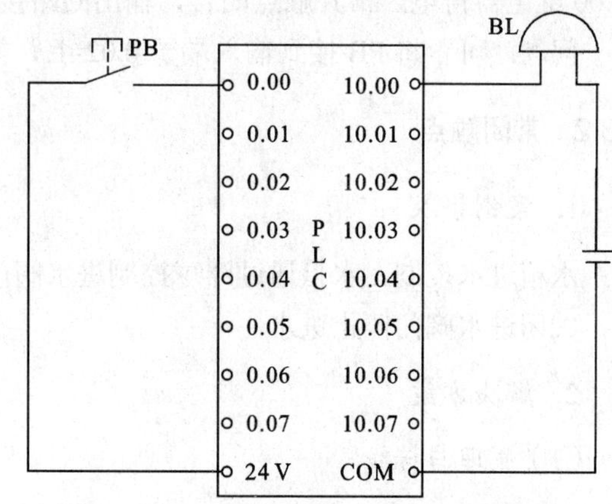

图 2-6　门铃控制 PLC 接线原理图

(2) PLC 程序

PLC 程序如图 2-7（a）所示。当按下 PB 时，输入端子 0.00 得电，对应输入继电器 0.00

得电，继电器的状态为 1，常开触点闭合，通过 PLC 程序控制输出继电器 10.00 得电，输出继电器 10.00 主触点闭合，对应的扬声器发声。

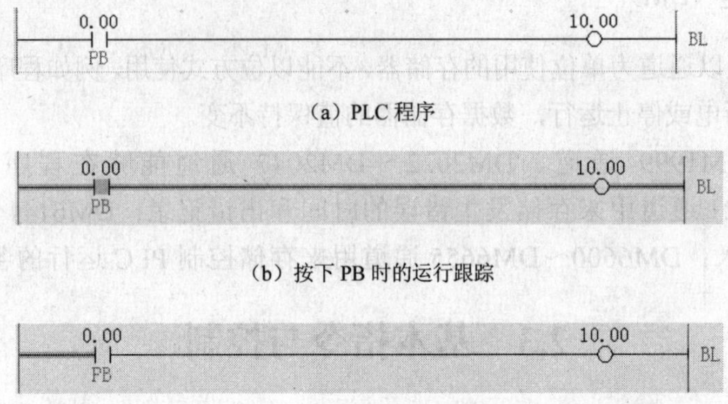

（a）PLC 程序

（b）按下 PB 时的运行跟踪

（c）未按下 PB 时的运行跟踪

图 2-7　门铃的控制 PLC 程序

接好连线，下载该程序到 PLC，当按下按钮 PB 时电铃 BL 发声，松开按钮 PB 则电铃 BL 不发声。运行跟踪如图 2-7（b）、（c）所示。

3. 结论

结论 1：输入端子得电；对应的输入继电器得电，值为“1”，输入继电器常开触点闭合，案例中控制按钮 PB 接通与断开的状态通过输入端子送到输入继电器 0.00 存储。当 PB 接通时，端子 0.00 得电，输入继电器 0.00 得电，值为“1”，0.00 的常开触点闭合。

结论 2：输出继电器的状态由 PLC 程序控制，输出继电器得电，对应的主触点闭合；案例中通过梯形图程序控制输出继电器 10.00 的状态，当 0.00 的常开触点闭合时，输出继电器 10.00 继电器得电，常开触点闭合，输出回路接通，门铃有响声。

问题：可否将 PB 接到输入端子 0.02 上？如果可以，如何修改该例的 PLC 控制程序？

2.3.2 常闭触点

1. 案例导入

水箱进水控制。水箱通过浮球控制进水阀门的进水，当水箱的水位到一定水位，浮球浮起，关闭进水阀门停止进水。

2. 解决方案

（1）原理与接线

原理与接线如图 2-8 所示，开关 S 一端接输入端子 0.00，另一端接 PLC 的 24 V 电源；阀门控制开关 F 一端接输出端子 10.00，另一端接电源正极（直流）或相线（交流），电源负极或零线接 PLC 输出公共端。

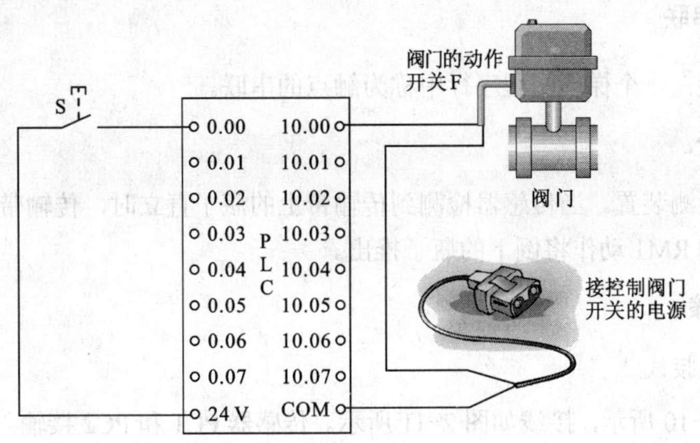

图 2-8　水箱进水控制的 PLC 接线图

（2）PLC 程序

PLC 程序如图 2-9（a）所示。当水箱水满时，浮球浮起，开关 K 闭合，输入端子 0.00 得电，对应输入继电器 0.00 值为"1"，常闭触点断开，通过 PLC 程序控制输出继电器 10.00 值为"0"，输出继电器 10.00 断开，停止进水阀门进水。当水箱水不满时，浮球下沉，开关 K 断开，输入端子 0.00 失电，对应输入继电器 0.00 值为"0"，常闭触点闭合，通过 PLC 程序控制输出继电器 10.00 值为"1"，输出继电器 10.00 接通，进水阀门打开进水。运行跟踪如图 2-9（b）、（c）所示。

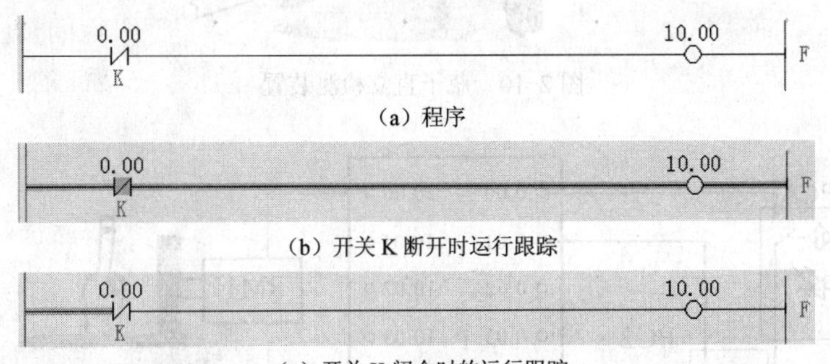

（a）程序

（b）开关 K 断开时运行跟踪

（c）开关 K 闭合时的运行跟踪

图 2-9　水箱进水控制的 PLC 程序与运行跟踪

3. 结论

结论 1：输入端子失电，对应的输入继电器值为"0"，常闭触点接通。案例中，浮球带动的开关 K 接通与断开的状态通过输入端子送输入继电器 0.00 存储；当 K 断开时，端子 0.00 失电，输入继电器 0.00 值为"0"，0.00 的常闭触点闭合。

结论 2：通过梯形图程序控制输出继电器 10.00 的状态，当 0.00 的常闭触点闭合时，输出继电器 10.00 值为"1"，继电器闭合，输出回路接通，阀门打开向水箱进水。

结论 3：输入端子得电，对应的输入继电器值为"1"，常闭触点断开。

问题：可否将阀门控制端接到 0.01 输入端子上？如果可以，如何修改该例的 PLC 控制程序？

2.3.3 触点的串联

将触点串接在一个梯形图程序行中称为触点的串联。

1. 案例导入

瓶子直立检测装置。当传感器检测到传输带上的瓶子直立时，传输带继续运行，而有瓶子倒下时，机构 RM1 动作将倒下的瓶子推出。

2. 解决方案

(1) 原理与接线

原理如图 2-10 所示，接线如图 2-11 所示。传感器 PC1 和 PC2 接输入端子 0.00 和 0.01；推瓶机构 RM1 接输出端子 RM1。

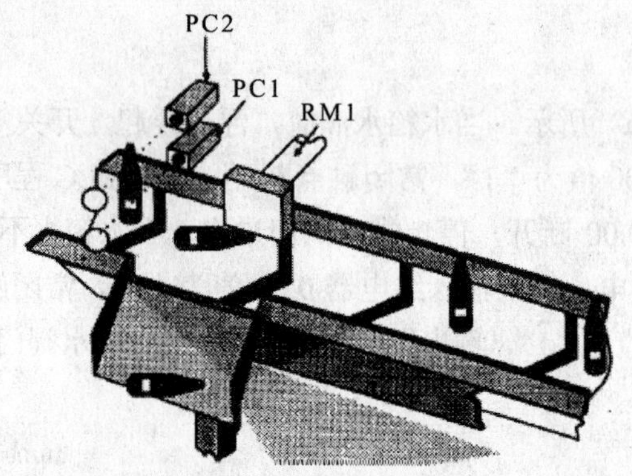

图 2-10 瓶子直立检测装置

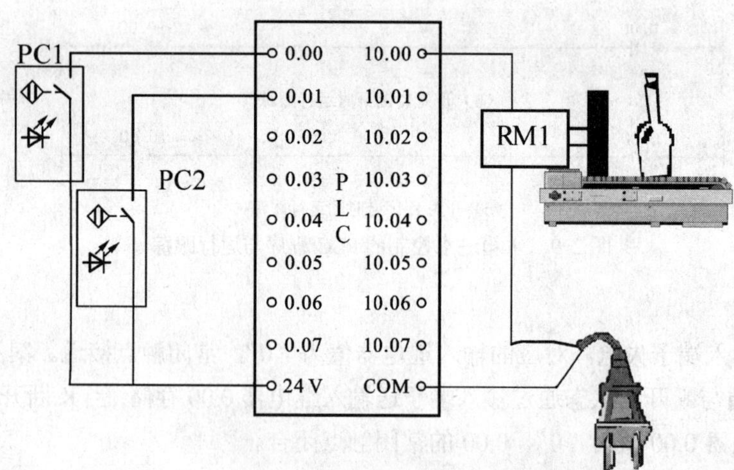

图 2-11 瓶子直立检测装置 PLC 的接线图

(2) PLC 程序

PLC 程序如图 2-12（a）所示。当瓶子直立时，两个传感器同时有效，对应的输入继电器 0.00 常闭触点断开，0.01 的常开触点闭合，机构 RM1 不动作，如图 2-12（c）所示；

当瓶子倒下时，PC2 断开 PC1 导通，输入端子 0.01 失电，输入继电器 0.01 的常闭触点闭合，输入端子 0.00 得电，对应的输入继电器 0.00 常开触点闭合，机构 RM1 动作将倒下的瓶子推出；如图 2-12（b）所示；当没有瓶子通过时，PC2 断开 PC1 断开，对应的输入继电器 0.00 常开触点断开，0.01 的常闭触点闭合，机构 RM1 不动作如图 2-12（d）所示。各端子的作用如表 2-5 所示。

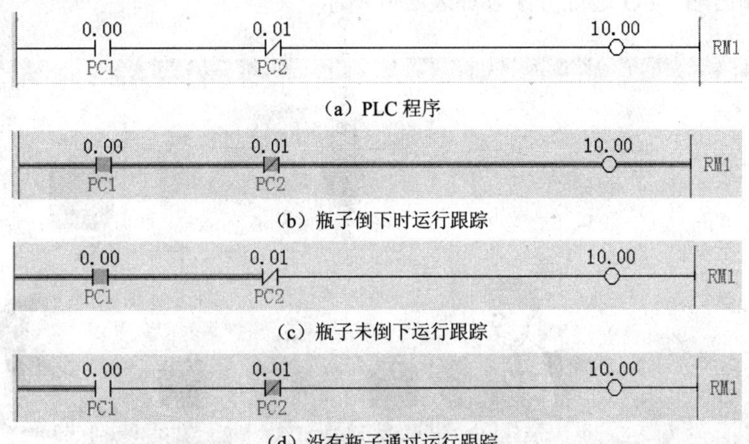

（a）PLC 程序

（b）瓶子倒下时运行跟踪

（c）瓶子未倒下运行跟踪

（d）没有瓶子通过运行跟踪

图 2-12　瓶子直立检测装置的梯形图程序

表 2-5　瓶子直立检测装置 PLC I/O 地址分配表

设　　备	连接到 PLC 的输入输出端子	功　　能
PC1	0.00	检测瓶子的底部信号
PC2	0.01	检测瓶子的颈部信号
RM1	10.00	将倒下的瓶子推出

3. 结论

机构 RM1 由触点 0.00 和 0.01 串联控制，只有两个触点同时接通，控制机构的 RM1 才会动作。当瓶子直立通过时，输入端子 0.00 和 0.01 得电，输入继电器 0.00 和 0.01 的值为“1”，0.00 的常开触点闭合，0.01 的常闭触点断开，机构 RM1 不会动作；当瓶子倒下时，输入端子 0.00，输入端子 0.01 失电，0.00 的常开触点闭合，0.01 的常闭触点闭合，机构 RM1 动作，将倒下的瓶子推走；当没有瓶子通过时，输入端子 0.00 和 0.01 失电，0.00 的常开触点断开，0.01 的常闭触点闭合，机构 RM1 不会动作。

2.3.4 自锁控制

当输入条件失效，例如按钮按下后松开，需要设备保持原动作的可采用自锁方式编程。

1. 案例导入

休闲场所呼叫系统。这是一个休闲场所，当客户需要帮助时，按下桌上的按钮 x1、x2，相应的指示灯 y0 和 y1 就会亮，服务生就会过来。当然，客户松开按钮，灯保持亮。服务生按下按钮 x2，灯 y0 和 y1 灭。

2. 解决方案

(1) 原理与接线

原理如图 2-13 所示，PLC 的接线如图 2-14 所示，客户的 x0、x1 请求按钮分别接 PLC 的 0.00、0.01 输入端，服务生响应按钮 x2 接 PLC 的 0.02 输入端，指示灯 y0、y1 接 PLC 的 10.00、10.01 输出端。I/O 地址分配表如表 2-6 所示。

图 2-13　休闲场所呼叫系统场景

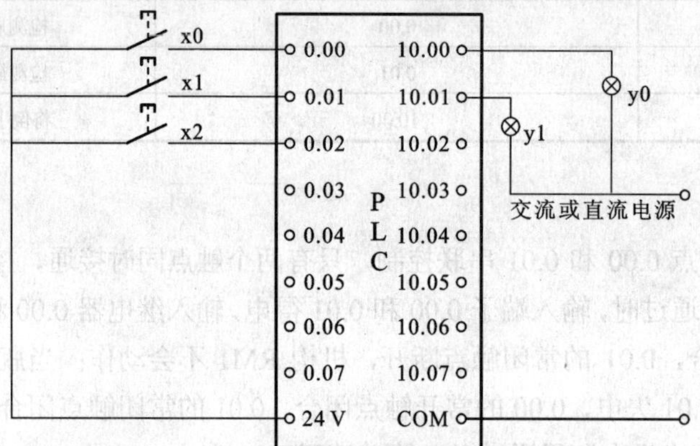

图 2-14　休闲场所呼叫系统 PLC 接线图

表 2-6　休闲场所呼叫系统 I/O 地址分配表

设　备	连接到 PLC 的输入输出端子	设 备 作 用
x0	0.00	控制 y0 灯亮的按钮
x1	0.01	控制 y1 灯亮的按钮
x2	0.02	控制 y0 和 y1 灯灭的按钮
y0	10.00	灯 y0 输出端子
y1	10.01	灯 y1 输出端子

(2) PLC 程序

梯形图程序如图 2-15 所示。当按钮 x0 和 x1 闭合时，输入点 0.00 和 0.01 的常开触点闭合，输出 10.00 和 10.01 有效，灯 y0 和 y1 亮，由于将输出点 y0 和 y1 的常开触点并入控制电路，即使松开 x0 和 x1，输出仍然有效，保持灯长亮；当按下 x2 按钮时；0.02 的常闭触点断开，y0 和 y1 的输出无效，灯 y0 和 y1 灭。由图 2-15 还可以看出，0.00 的常闭触点被引用了 2 次，事实上，梯形图中的触点可以被 *n* 次引用。

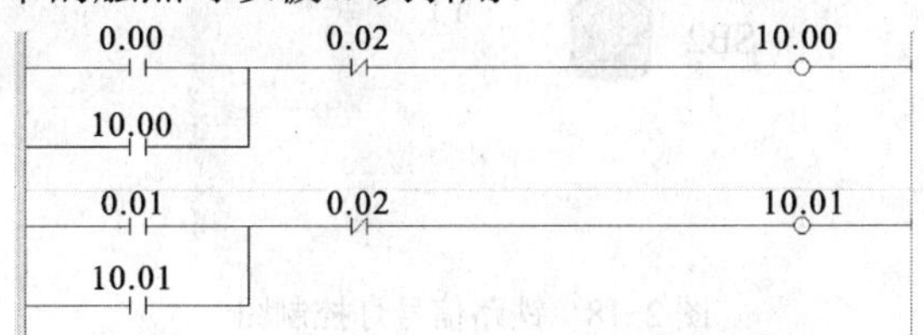

图 2-15　休闲场所呼叫系统梯形图程序

按下 x0 按钮并松开的 PLC 程序的运行跟踪如图 2-16 所示，松开 x0 后，由于 10.00 的常开触点的闭合，实现自锁。

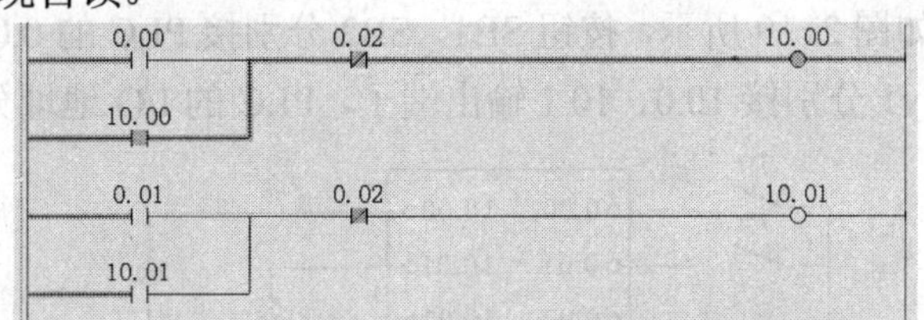

图 2-16　按下 x0 按钮 PLC 程序运行跟踪

按下 x2 按钮后的 PLC 程序的运行跟踪如图 2-17 所示，按下 x2 按钮后，输入点 0.02 的常闭触点断开，10.00 和 10.01 的输出断开，客户的请求指示灯 y0 和 y1 灭。

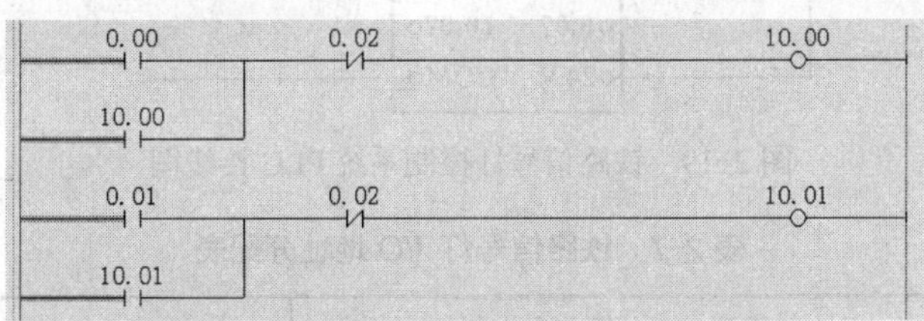

图 2-17　按下 x2 按钮 PLC 程序运行跟踪

3. 结论

结论 1：自锁是将输出继电器的常开触点并联到输入点，输入点只需接通脉冲即可实现输出继电器一直接通。

结论 2：将常闭触点串接到梯形图中，当对应的继电器状态为 1 时可断开输出继电器。

2.3.5　互锁控制

两个设备不允许同时动作，例如电动机的正转与反转、工作台的左移与右移等不允许同时进行，可采用互锁方式编程。

1. 案例导入

铁路信号灯控制。如图 2-18 所示，控制室内按下按钮 SB1 红灯 Y0 亮，禁止通行，按下按钮 SB2 绿灯 Y1 亮，允许通行，两灯不允许同时亮。

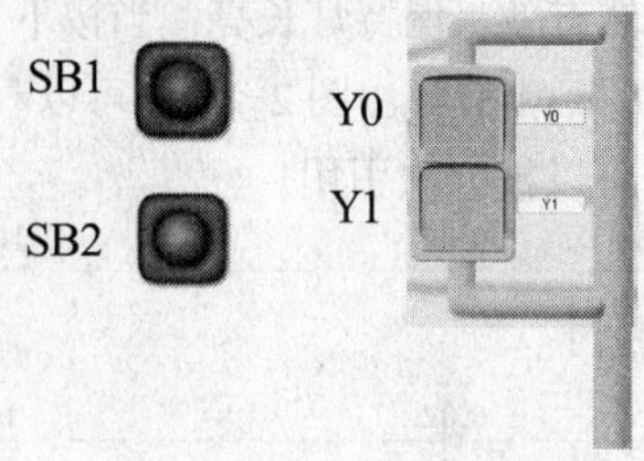

图 2-18　铁路信号灯控制图

2. 解决方案

(1) 原理与接线

PLC 的接线原理如图 2-19 所示，按钮 SB1、SB2 分别接 PLC 的 0.0 和 0.1 输入端子；红信号灯 y0、绿信号灯 y1 分别接 10.0、10.1 输出端子，PLC 的 I/O 地址分配表如表 2-7 所示。

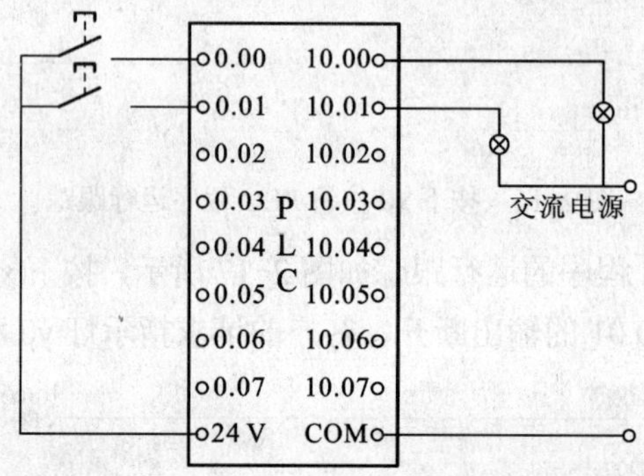

图 2-19　铁路信号灯控制系统 PLC 接线图

表 2-7　铁路信号灯 I/O 地址分配表

设　　备	连接到 PLC 的输入输出端子	设 备 作 用
SB1	0.00	控制 y0 灯亮的按钮
SB2	0.01	控制 y1 灯亮的按钮
y0	10.00	灯 y0 输出端子
y1	10.01	灯 y1 输出端子

(2) PLC 程序

当按下 SB1 时，输入端子 0.00 的常开触点有效，y0 输出有效，灯 y0 亮；当按下 SB2 时，0.01 的常开触点有效，y1 输出有效，灯 y1 亮；按下 SB1 的同时再按下 SB2，由于 y0 有效，其常闭触点断开，控制 y1 输出无效，灯 y1 不会亮；同理 y1 亮时，y0 不会亮。y1 和 y0 实现互锁。PLC 梯形图程序如图 2-20，按下 SB1 的运行跟踪如图 2-21 所示，同时按下 SB1 和 SB2 的运行跟踪如图 2-22 所示。

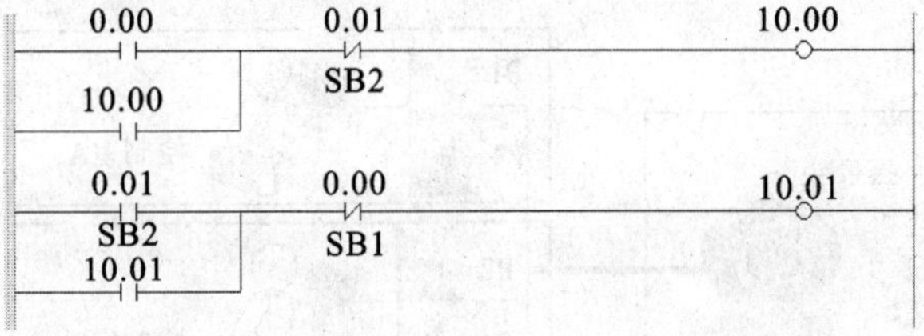

图 2-20　铁路信号灯控制系统 PLC 梯形图程序

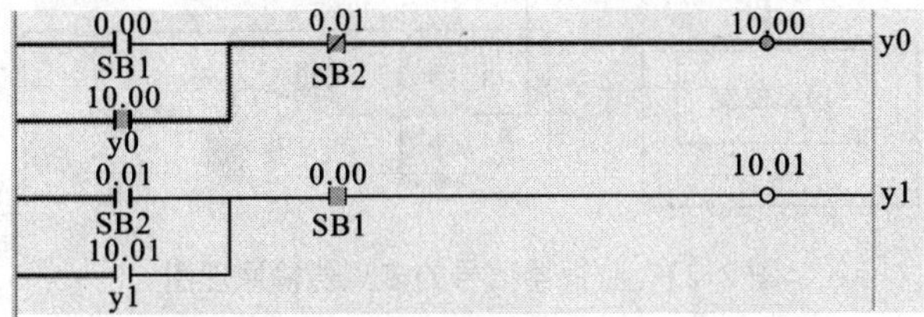

图 2-21　铁路信号灯控制系统按下 SB1 的运行跟踪

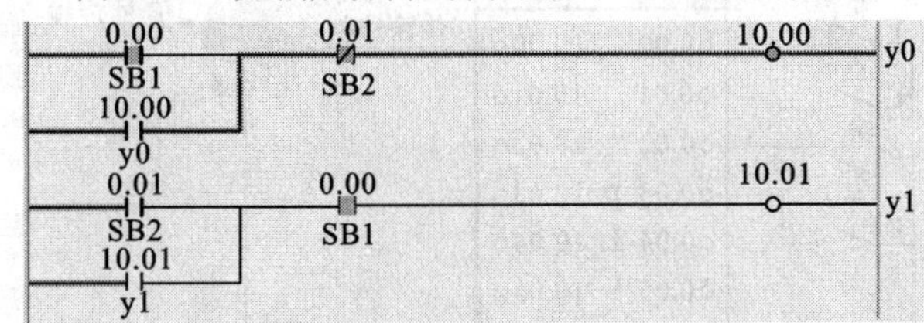

图 2-22　铁路信号灯控制系统同时按下 SB1 和 SB2 的运行跟踪

3. 结论

结论 1：通过自锁实现按下按钮控制信号灯的接通。

结论 2：所谓的互锁即多台设备只能有一台可以运行。铁路信号灯控制系统中，设备 y0 和 y1 为互锁，当 SB1 和 SB2 同时按下时，两个信号灯都不被接通，实现信号灯互锁，即 SB1 锁定 y1，SB2 锁定 y0。

2.3.6　并联控制

当设备可以由多个输入装置启动时，例如电动机可以由 3 个开关中的任意一个启动，可采用并联方式编程。

1. 案例导入

监视器信号的多点传输。如图 2-23 所示，监视器有 3 个控制开关，分别在控制室 A、控制室 B 和控制室 C，任意控制室都可打开监视器并观察到监视信号，控制室 A、控制室 B 和控制室 C 分别对应控制传输的开关 P1、P2 和 P3，用于控制摄像头的打开与关闭。

2. 解决方案

(1) 原理与接线

PLC 的接线原理如图 2-24 所示，控制摄像头打开按钮 P1、P2、P3 分别接 PLC 的 0.00、0.01、0.02 输入端子；控制摄像头关闭的按钮 P4 接 PLC 的 0.03 输入端子，摄像头开关设备接 PLC 的 10.00 输出端子，PLC 的 I/O 地址分配表如表 2-8 所示。

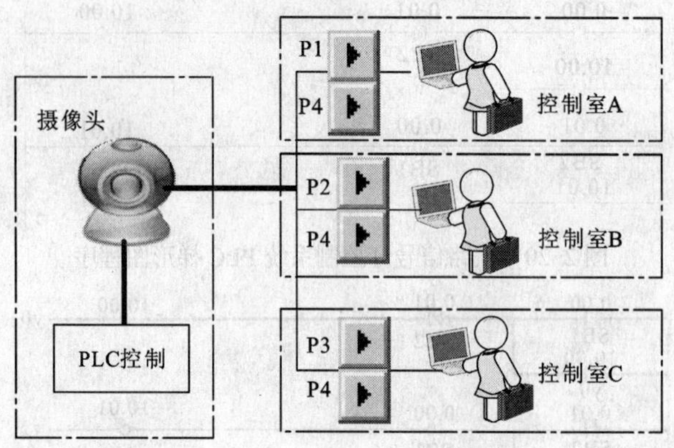

图 2-23　监视器信号的多点传输原理图

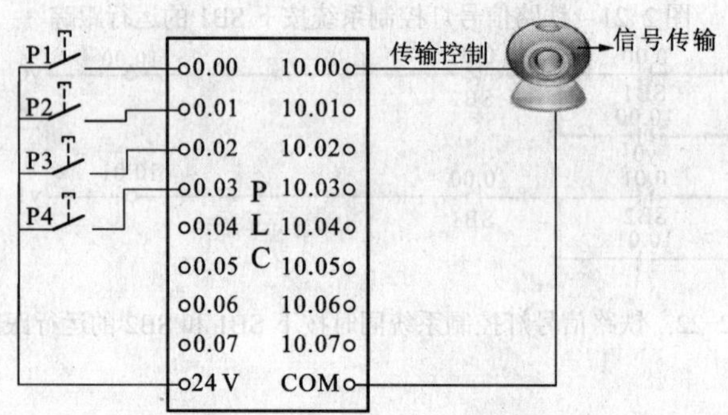

图 2-24　监视器信号的多点传输接线原理图

表 2-8　监视器信号的多点传输 I/O 地址分配表

设　　备	连接到 PLC 的输入输出端子	设 备 作 用
按钮 P1	0.00	控制室 A 打开摄像头
按钮 P2	0.01	控制室 B 打开摄像头
按钮 P3	0.02	控制室 C 打开摄像头
按钮 P4	0.03	关闭摄像头
摄像头开关设备	10.00	摄像头信号传输控制

（2）PLC 程序

PLC 程序如图 2-25 所示，P1、P2、P3 的输入端子对应的常开触点并联实现 3 个控制室都可以控制摄像头的开关，P4 的输入端子对应的常闭触点串联到梯形图中控制摄像头的关和闭。控制室 A、控制室 B 梯形图程序的运行跟踪分别如图 2-26、图 2-27 所示。

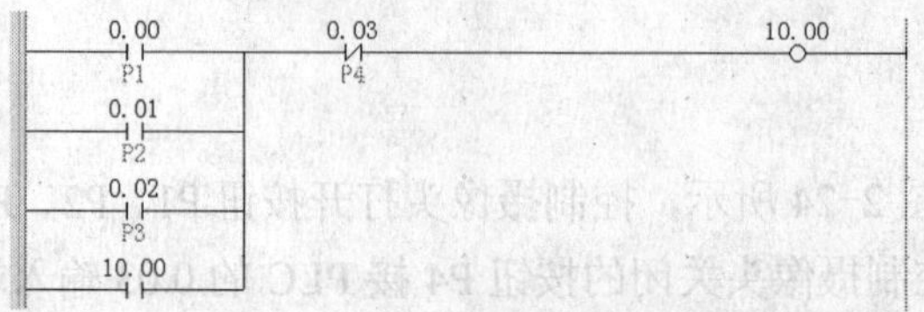

图 2-25　监视器信号的多点传输 PLC 程序

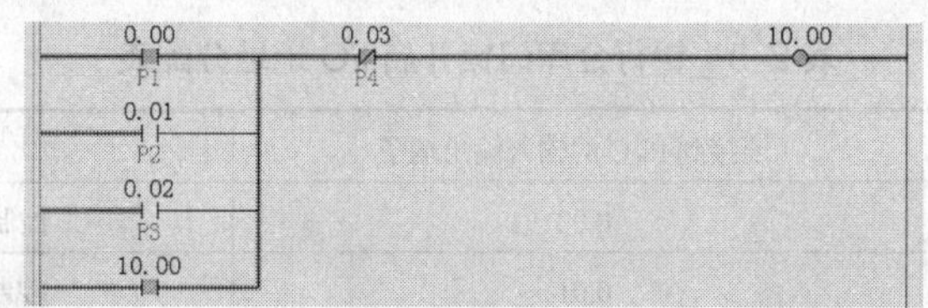

图 2-26　监视器信号的多点传输控制室 A 打开摄像头运行跟踪

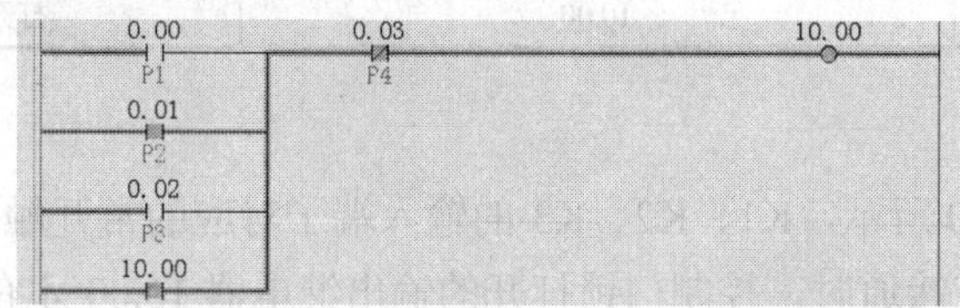

图 2-27　监视器信号的多点传输控制室 B 打开摄像头运行跟踪

3. 结论

输入端子的触点并联可实现控制设备的多点启动，即并联控制。

2.3.7　串联控制

当需要多个条件控制一个设备的动作时可采用触点串联的方式编程。

1. 案例导入

银行金库门锁开启。如图 2-28 所示，银行金库门锁有三把钥匙，需要三把钥匙同时操作才能打开。

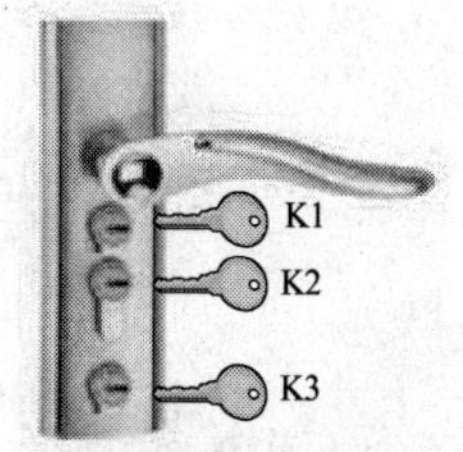

图 2-28　银行金库门锁开启原理图

2. 解决方案

(1) 原理与接线

门锁的打开装置由 PLC 的输出端子控制，当输出端子对应的输出继电器值为“1”时，门锁打开。

PLC 的接线原理如图 2-29 所示，K1、K2、K3 这 3 种钥匙分别接 PLC 的 3 个输入端子 0.0、0.1、0.2；PLC 的输出端子 10.00 接门锁的打开装置，PLC 的 I/O 地址分配表如表 2-9 所示。

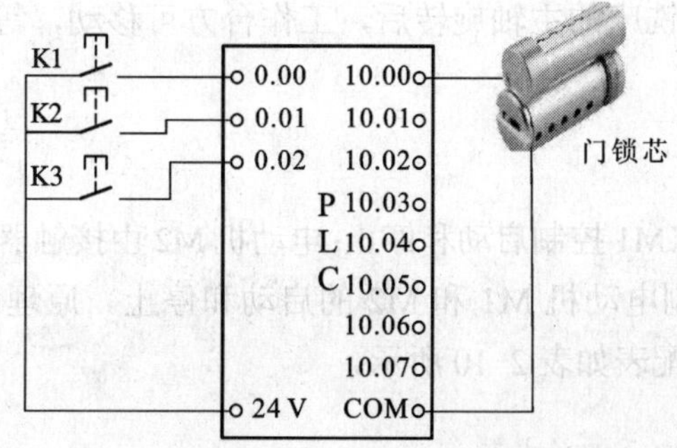

图 2-29　银行金库门锁开启接线原理图

表 2-9　银行金库门锁开启 I/O 地址分配表

设　　备	连接到 PLC 的输入输出端子	设 备 作 用
K1	0.00	控制室 A 打开摄像头
K2	0.01	控制室 B 打开摄像头
K3	0.02	控制室 C 打开摄像头
摄门锁打开装置	10.00	打开门锁

(2) PLC 程序

PLC 程序如图 2-30 所示，K1、K2、K3 的输入端子对应的常开触点串联，只有当 0.00、0.01 和 0.02 的常开触点接通时，控制门锁打开的输出继电器 10.00 才有效，三把钥匙同时接通与两把钥匙接通的 PLC 运行跟踪如图 2-31、图 2-32 所示。

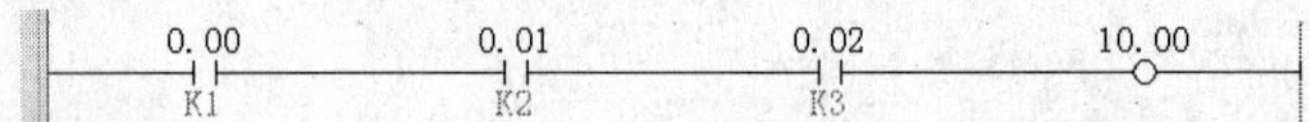

图 2-30　银行金库门锁开启 PLC 程序

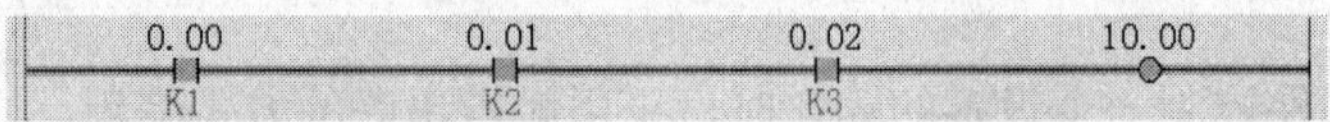

图 2-31　银行金库门锁开启三把钥匙同时接通运行跟踪

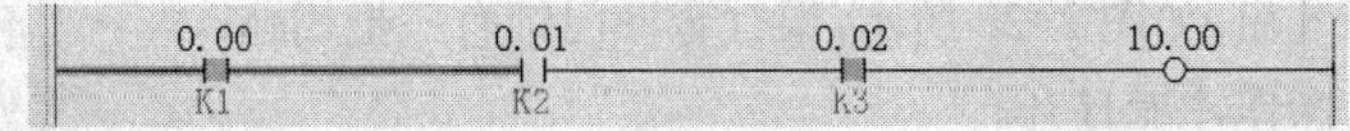

图 2-32　银行金库门锁开启两把钥匙接通运行跟踪

3. 结论

串联控制即为输入端子的触点串联，可实现多个条件同时满足才启动设备的控制。

2.4　多设备启动和停止

工业控制设备的启动通常有顺序要求，例如，在机床控制电路中，经常要求电动机有顺序地启动，如某些机床主轴必须在油泵工作后才能工作；龙门刨床工作台移动时，导轨内必须有充足的润滑油；铣床的主轴旋转后，工作台方可移动，等等，都要求电动机有顺序地启动。

1. 案例导入

电动机 M1 由接触器 KM1 控制启动和停止；电动机 M2 由接触器 KM2 控制。有按钮 SB1、SB2、SB3、SB4 分别控制电动机 M1 和 M2 的启动和停止。原理图和接线图如图 2-33、图 2-34 所示，I/O 地址分配表如表 2-10 所示。

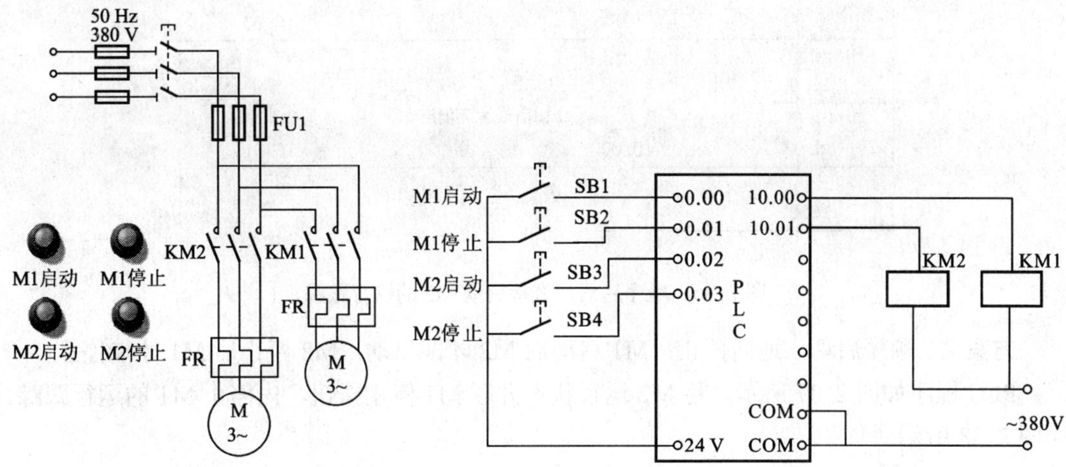

图 2-33　工业控制设备顺序启动原理图　　　　图 2-34　工业控制设备顺序启动 PLC 接线原理图

表 2-10　工业控制设备顺序启动 I/O 地址分配表

设　　备	连接到 PLC 的输入输出端子	设 备 作 用
SB1	0.00	M1 启动控制按钮
SB2	0.01	M1 停止控制按钮
SB3	0.02	M2 启动控制按钮
SB4	0.03	M2 停止控制按钮
KM1	10.00	控制 KM1 继电器
KM2	10.01	控制 KM2 继电器

2. 解决方案

方案 1　顺序启动：M1 启动后 M2 才能启动，停止无顺序要求。

PLC 程序如图 2-35 所示，将 M1 的运行状态串接到控制 M2 的程序行中。直接启动 M2 的运行跟踪如图 2-36 所示。

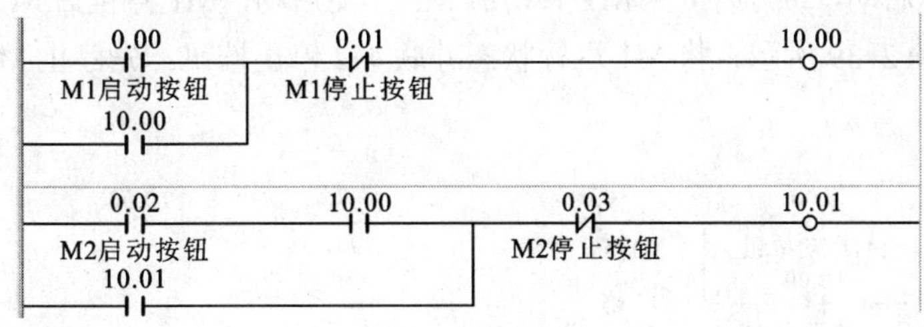

图 2-35　顺序启动 PLC 程序

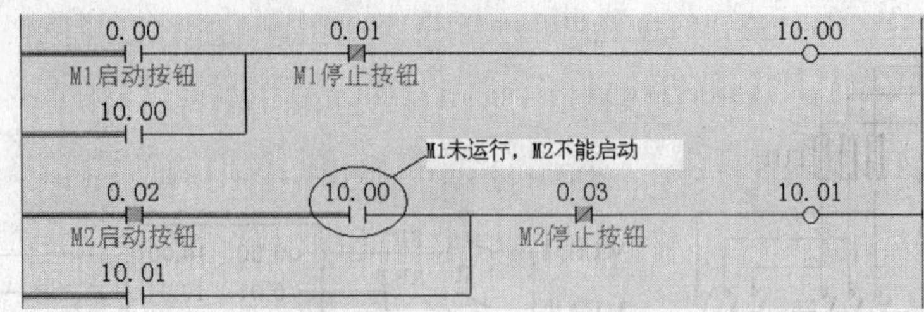

图 2-36　顺序启动，直接启动 M2 的运行跟踪

方案 2　顺序启动，逆向停止：M1 启动后 M2 才能启动，M2 停止后 M1 才能停止。

PLC 程序如图 2-37 所示，将 M2 运行状态并联 M1 停止按钮。先停止 M1 的运行跟踪，如图 2-38 所示。

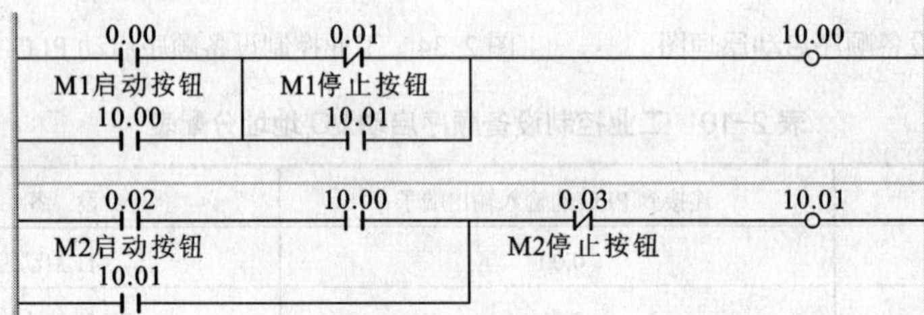

图 2-37　顺序启动，逆向停止 PLC 程序

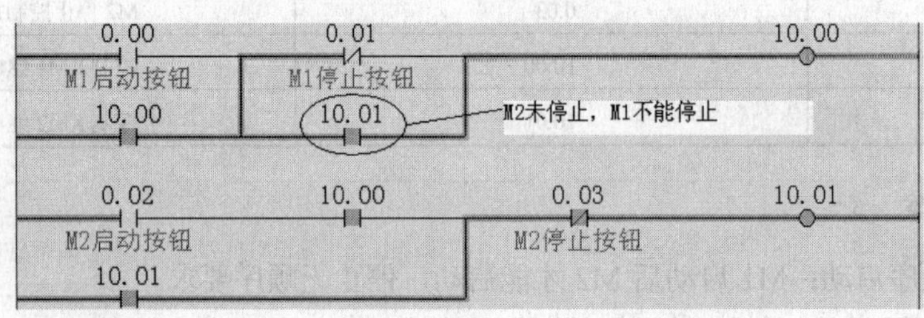

图 2-38　先停止 M1 的运行跟踪

方案 3　顺序启动，顺序停止：M1 启动后 M2 才能启动，M1 停止后 M2 才能停止。

PLC 程序如图 2-39 所示，将 M1 运行状态并联 M2 停止按钮。先停止 M2 的运行跟踪，如图 2-40 所示。

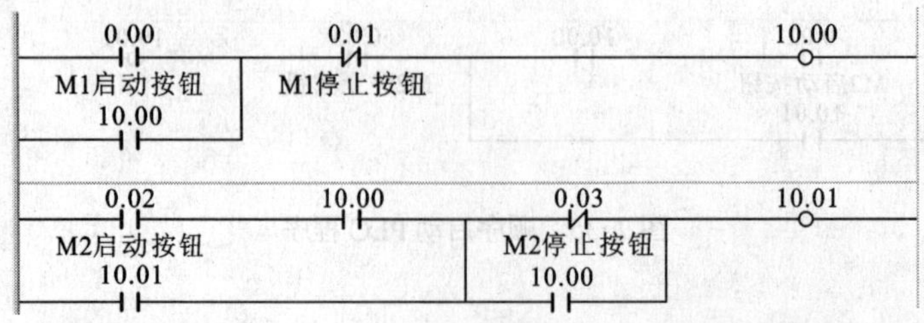

图 2-39　顺序启动，顺序停止 PLC 程序

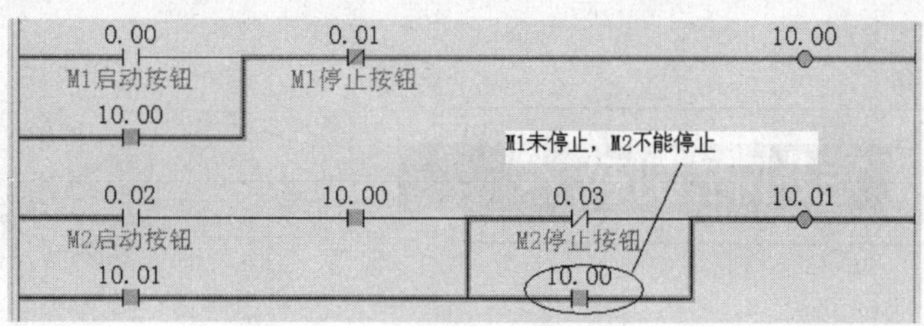

图 2-40　先停止 M2 的运行跟踪

3. 结论

将设备的运行状态串联到其他设备的控制程序行中实现顺序启动，将设备的运行状态并联到其他设备的停止控制按钮实现顺序停止。

小　结

PLC 的输入端子用于接控制系统的输入设备，输入端子对应的继电器有常开触点和常闭触点，输入设备的状态可改变输入继电器线圈的值，常开触点和常闭触点的状态也会改变，输入端子对应的继电器的状态只可以通过设备改变；PLC 的输出端子用于接控制系统的输出设备，输出端子对应的继电器有常开触点和常闭触点；PLC 的梯形图程序更改输出继电器的值，输出端子所对应的输出设备的状态也随之改变。自锁控制、互锁控制、并联控制、串联控制是 PLC 基本的控制方法；采用串联的方法实现设备的顺序启动，采用并联的方法实现设备的顺序停止。

习　题

1. 三相异步电动机由按钮 SB1、SB2 和 SB3 控制，其中 SB1 是停止按钮、SB2 是正转按钮、SB3 是反转按钮；接触器 KM1 控制正转、KM2 控制反转，编写程序实现该控制。

2. 内部继电器保持 200.00、200.01 和 200.02 保持系统的运行状态，当继电器 20.00 为“1”时，保持 200.00 与 200.01 为“1”，200.02 为“0”，编写 PLC 梯形图程序。

3. 有 3 台电动机 M1、M2、M3，要求：M1 启动后 M2 才能启动，M2 启动后 M3 才能启动，必须同时停止，编写梯形图程序。

第3章 定时控制技术

【知识目标】

- 掌握定时器指令（TIM）的语法和功能。
- 掌握DIFU、DIFD指令的语法和功能。
- 掌握MOV指令的语法和功能。

【能力目标】

- 掌握定时控制技术的应用环境和编程方法。
- 掌握得电延时、失电延时技术的应用环境和编程方法。
- 掌握周期脉冲与方波信号的产生技术和编程方法。
- 掌握脉宽调制信号的产生技术和应用环境。

3.1 定时器指令（TIM）

3.1.1 定时器指令梯形图符号

定时器指令格式如图3-1所示。对符号各部分说明如下：

- TIM：指令标识符；
- N：定时器的编号，范围为0～511，即可用的定时器为512个；
- SV：设定值，即设定的定时时间，可以使用IO、AR、DM、HR区域的通道与十六进制数据，SV的最大设定值为BCD码格式的9999。

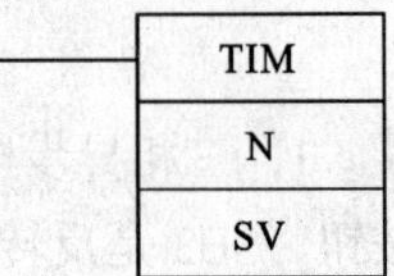

图3-1 TIM指令格式

3.1.2 定时器指令的操作

（一）指令功能

当定时器的输入条件是断开时，计时当前值（PV）等于定时器设定值SV；当输入条件变为接通时，定时器开始定时，计时当前值不断减1；当经过设定时间后当前值变为0000，定时器继电器值为“1”。

系统计时单位是0.1 s，SV的设定值最大为#9999，故定时范围是0～999.9 s。

（二）操作

1. 案例导入

鼓风机设备电源接通后需要预热5 s，5 s过后自动启动鼓风机主电动机。

2. 解决方案

选择定时器 0 控制，SV 的设定值为#50，设备电源接通开关接 PLC 的 0.00 输入端子，0.00 的常开触点作为定时器输入条件，输出继电器 10.00 接启动鼓风机主电动机装置。

PLC 的程序如图 3-2 所示。

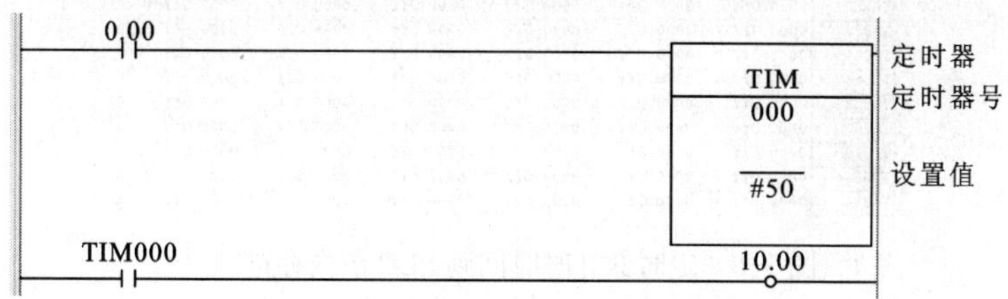

图 3-2　鼓风机延时启动 PLC 程序

3. 结论

① 输入条件有效时定时器指令将 PV 的值设定为 SV 的值，PV 开始以步长 1 递减，递减的时间间隔为 0.1 s，如图 3-3 所示。

图 3-3　定时器计时的过程

② 计时的过程中，输入条件断开，定时器恢复初始设定状态，如图 3-4 所示。

图 3-4　计时的过程中，输入条件断开

③ 当 PV 的值减到“0”时，定时器对应的继电器值设定为“1”，常开触点接通，常闭触点断开，如图 3-5 所示。

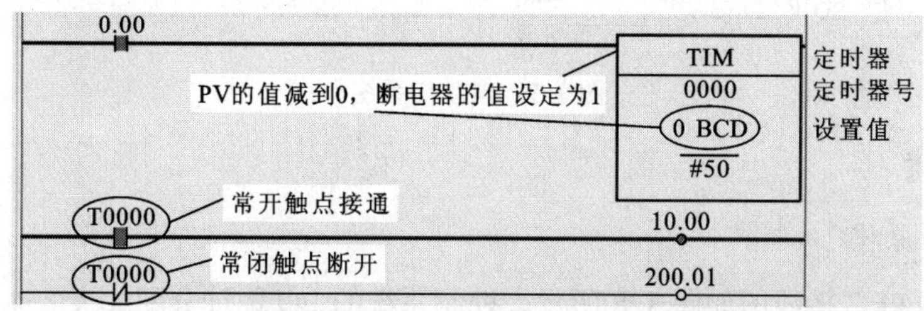

图 3-5　计时时间到的定时器状态

④ 定时时间到的 PLC 的内存跟踪，如图 3-6 所示，定时器 0 对应的继电器值为“1”。

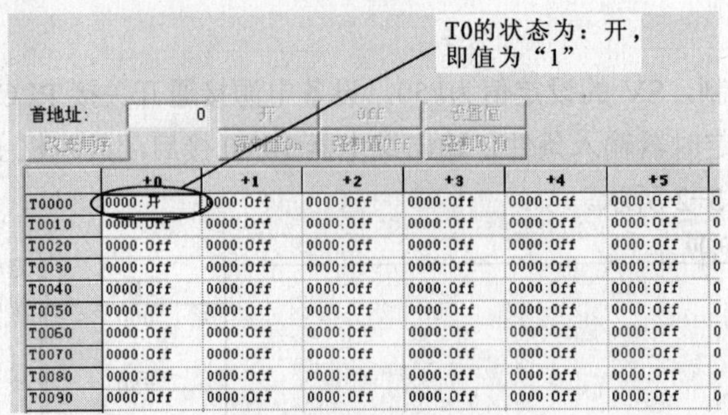

图 3-6　定时器计时时间到 PLC 的内存跟踪

⑤ 计时时间到后，输入条件断开，定时器恢复初始状态，如图 3-4 所示。

3.2　定时控制

3.2.1　得电定时控制

所谓的得电定时即按条件接通设备动作，直到定时器计时时间到。

1. 案例导入

自动门控制系统。如图 3-7 所示，传感器 X1 检测到汽车通过，控制 Y0 动作，门上升打开门，从传感器检测到有车到门关闭有 30 s 时间让车通过，30 s 过后控制 Y1 动作，门下降关闭。

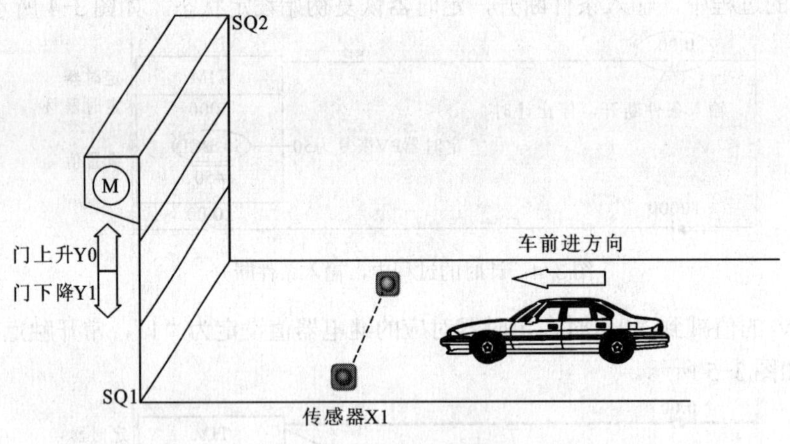

图 3-7　自动门系统

2. 解决方案

(1) 接线与原理

控制系统的 PLC 接线图如图 3-8 所示，控制系统的 I/O 地址分配如表 3-1 所示。

X1 有效控制 200.00 自锁，输出继电器 10.00 的常开触点闭合控制定时器 T1 开始计时，同时打开门，当定时时间到，定时器 T1 的常开触点闭合，控制门关闭；当门完全打开时行程开关 SQ2 瞬时闭合，0.02 输入端子对应的常闭触点断开，断开 Y0 电源；当门完全关闭时行程开关 SQ1 瞬时闭合，0.01 输入端子对应的常闭触点断开，断开 Y1 电源，需要注意是 SQ1 和 SQ2 在安装时一定是瞬时动作，即当门完全打开时，SQ2 输出一个脉冲，当门完全闭合时，SQ1 输出一个脉冲；10.01 和 10.00 实现互锁以防止门打开关闭同时动作。

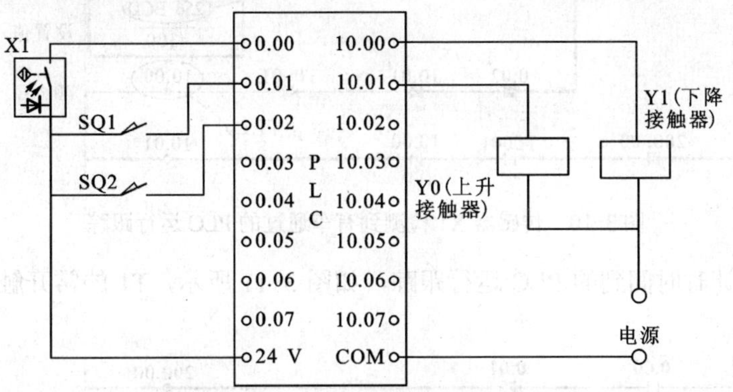

图 3-8　自动门控制系统的 PLC 接线图

表 3-1　自动门系统 I/O 地址分配表

设　　备	连接到 PLC 的输入/输出端子	设 备 作 用
X1	0.00	检测到有汽车通过
SQ1	0.01	门完全关闭行程开关
SQ2	0.02	门完全打开行程开关
Y0	10.00	门上升接触器
Y1	10.01	门下降接触器

（2）PLC 程序

PLC 梯形图程序如图 3-9 所示。

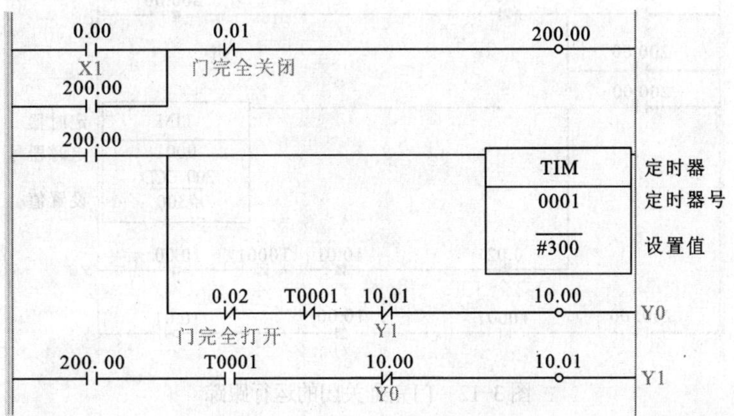

图 3-9　自动门控制系统梯形图

传感器 X1 检测到有车通过的 PLC 运行跟踪，如图 3-10 所示，定时器 T1 计时，门打开。

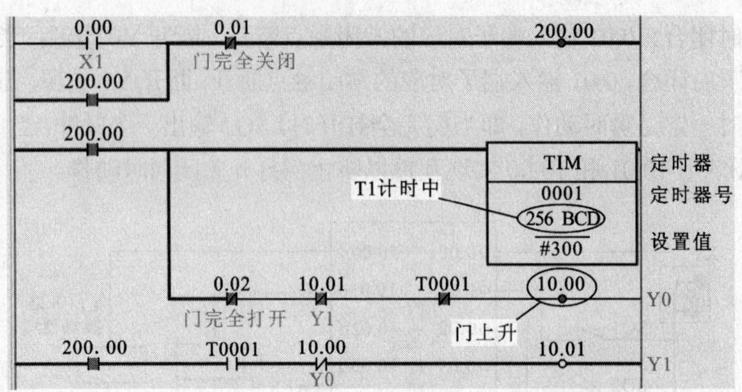

图 3-10　传感器 X1 检测到有车通过的 PLC 运行跟踪

定时器 T1 计时时间到的 PLC 运行跟踪，如图 3-11 所示，T1 的常开触点控制 10.01 接通，门开始下降。

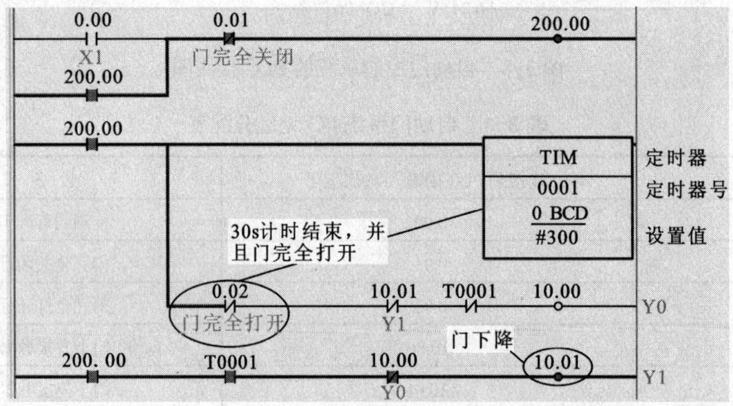

图 3-11　定时器 T1 计时时间到的 PLC 运行跟踪

门完全关闭的运行跟踪，如图 3-12 所示，200.00 值为“0”，系统复位到初始状态。

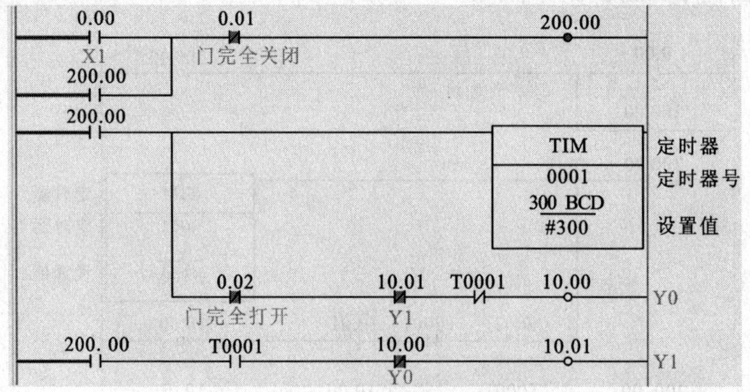

图 3-12　门完全关闭的运行跟踪

3. 结论

结论 1：定时器计时过程中保持输入条件接通。

结论 2：得电定时控制计时开始，控制设备动作，计时时间到停止设备动作。

3.2.2　得电延时控制

得电延时控制指设备得电后不立即接通，而是延时一段时间后设备开始工作。

1. 案例导入

得电延时启动水泵控制。如图 3-13 所示，水泵的启动按钮按下后要求 5 s 延时才启动抽水。

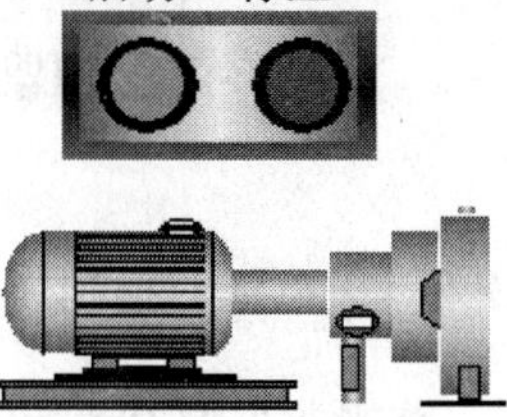

图 3-13　水泵控制原理图

2. 解决方案

启动按钮接 0.00 输入端子，停止按钮接 0.01 输入端子，启动水泵的接触器由输出端子 10.00 控制。

PLC 的梯形图程序如图 3-14 所示，启动按钮按下，200.00 值为“1”，定时器 0 输入条件接通，开始计时，计时时间到后定时器 0 的常开触点闭合，输出继电器 10.00 值为“1”，输出端子有效，水泵开始工作；“停止”按钮按下，水泵停止工作。

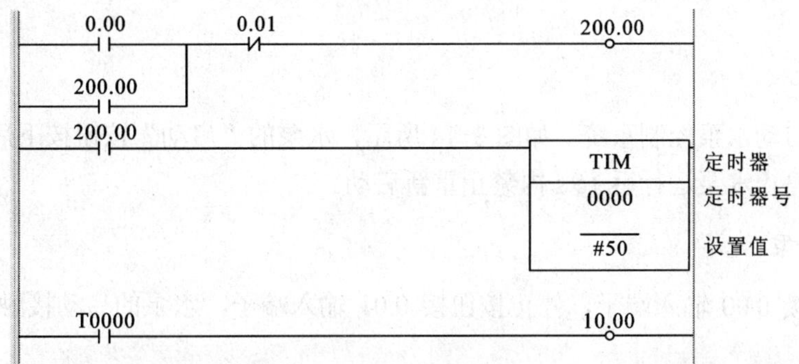

图 3-14　水泵控制梯形图程序

按下启动按钮后定时时间未到的 PLC 运行跟踪如图 3-15 所示。

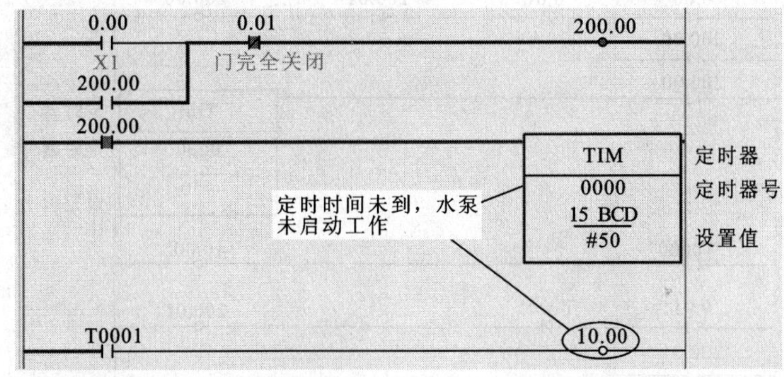

图 3-15　按下启动按钮后定时时间未到的 PLC 运行跟踪

定时时间到的 PLC 运行跟踪如图 3-16 所示，定时时间到，由定时器 0 的常开触点启动，水泵工作。

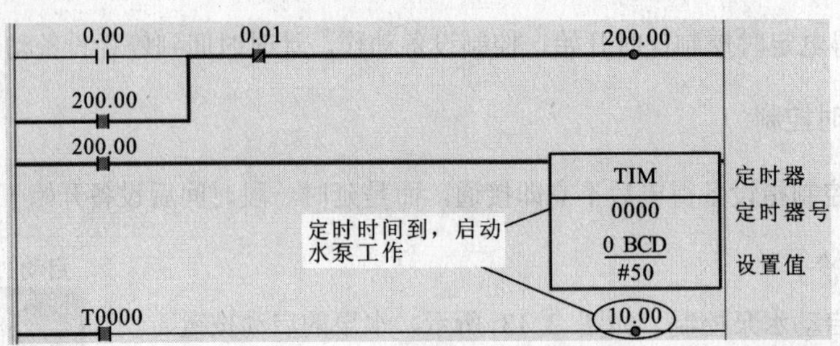

图 3-16　定时时间到的 PLC 运行跟踪

3.2.3　失电延时控制

欧姆龙小型 PLC 未提供失电延时指令，通过程序的方法可以实现失电延时，但针对不同的系统还需要具体分析。

（一）带“启动”与“停止”按钮的得电与失电延时控制

控制系统有“启动”和“停止”按钮，当按下“停止”按钮后延时一定时间才允许完成某项操作。

1. 案例导入

失电延时启动水泵控制系统。如图 3-14 所示，水泵的“启动”按钮按下后要求 5 s 延时才启动抽水，停止水泵运行后 15 s 内禁止重新启动。

2. 解决方案

启动按钮接 0.00 输入端子，停止按钮接 0.01 输入端子，水泵的启动接触器由输出端子 10.00 控制。

PLC 的梯形图程序如图 3-17 所示，输入端子 0.01 有效时停止水泵的运行，同时启动定时器 T1 计时，在计时期间，内部继电器 200.01 值为“1”，禁止启动水泵运行。

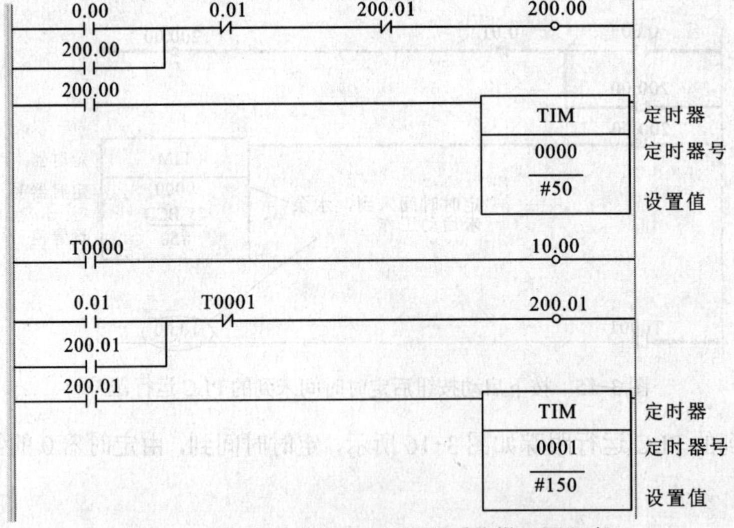

图 3-17　断电延时启动水泵控制系统梯形图程序

未按下“停止”按钮的启动运行跟踪如图 3-18 所示。

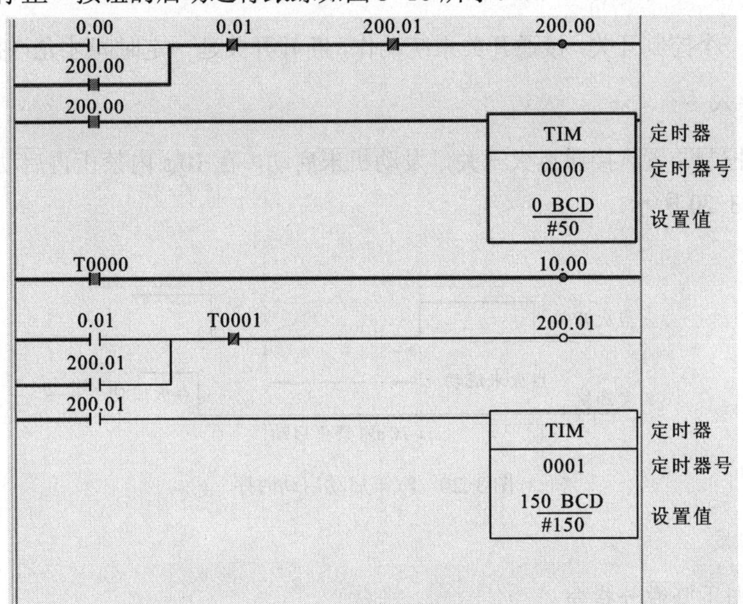

图 3-18　未按下停止按钮的启动运行跟踪

按下“停止”按钮后再按“启动”按钮的运行跟踪，如图 3-19 所示，由于 200.01 在 15 s 内值为“1”，常闭触点断开，禁止水泵的启动。

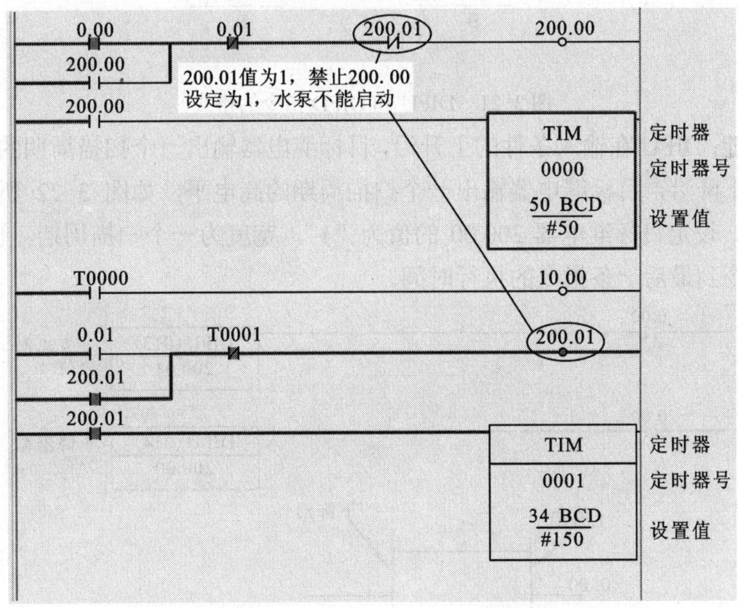

图 3-19　按下停止按钮后再按启动按钮的运行跟踪

定时器 T1 计时时间到后，200.01 值被设定为“0”，按下“启动”按钮 5 s 后水泵将运行。

3. 结论

有“停止”按钮的控制系统，按下“停止”按钮断开系统的运行，同时启动定时器开始计时，该定时器定时时间即为失电延时时间，在定时器计时期间禁止系统再启动。

（二）单个按钮的失电延时控制

系统只有一个控制开关，接通开关系统动作，断开开关延一定时间才允许执行某项操作。

1. 案例导入

汽车启动控制装置。接通点火开关，发动机未启动，在10 s内禁止再启动。发动机启动的时序图如图3-20所示。

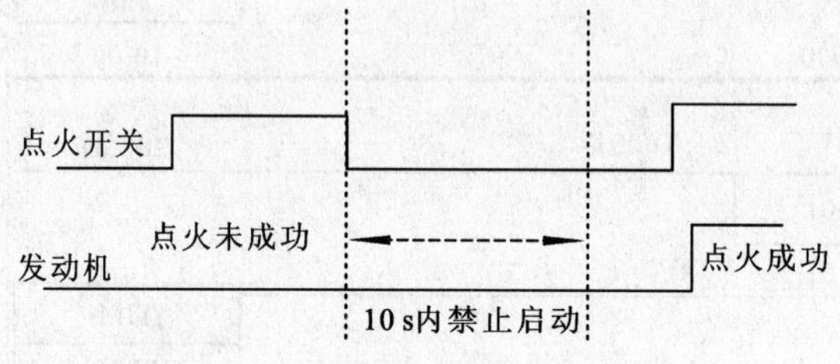

图3-20　汽车启动启动时序

2. 解决方案

(1) 上升与下降微分指令

指令的格式：DIFU和DIFD指令的格式如图3-21所示。

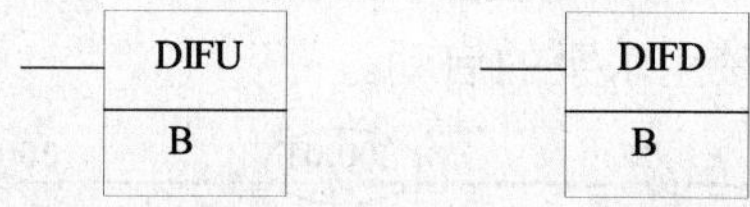

图3-21　DIFU和DIFD指令的格式

指令的功能：DIFU在输入条件的上升沿，目标继电器输出一个扫描周期的高电平；DIFD在输入条件的下降沿，目标继电器输出一个扫描周期的高电平，如图3-22所示，输入条件0.00的下降沿，设定目标继电器200.00的值为"1"，宽度为一个扫描周期，也就是PLC程序从第一条指令到最后一条指令的执行时间。

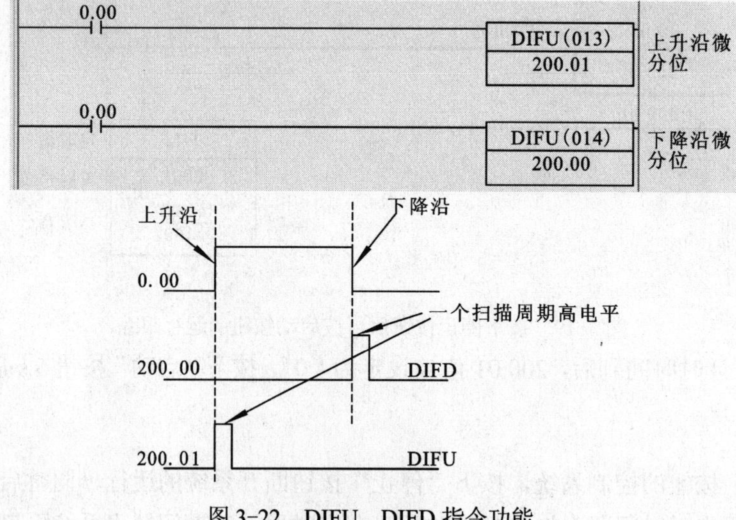

图3-22　DIFU、DIFD指令功能

(2) 问题解决

点火开关接 PLC 的输入端子 0.00，发动机点火装置由 10.00 输出端子控制。

PLC 的梯形图程序如图 3-23 所示，0.00 输入端子的下降沿 200.00 产生一个扫描周期的高电平，定时器 T0 计时开始，T0 计时期间禁止 10.00 设置为“1”。

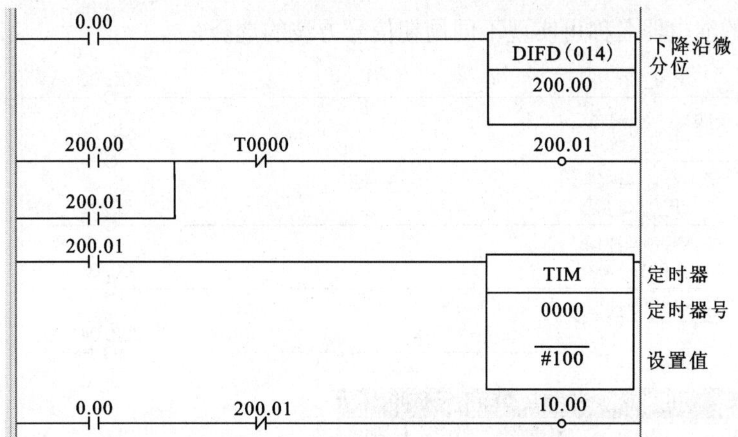

图 3-23 汽车启动控制装置 PLC 程序

启动未成功 10 s 内再次启动的 PLC 运行跟踪如图 3-24 所示。

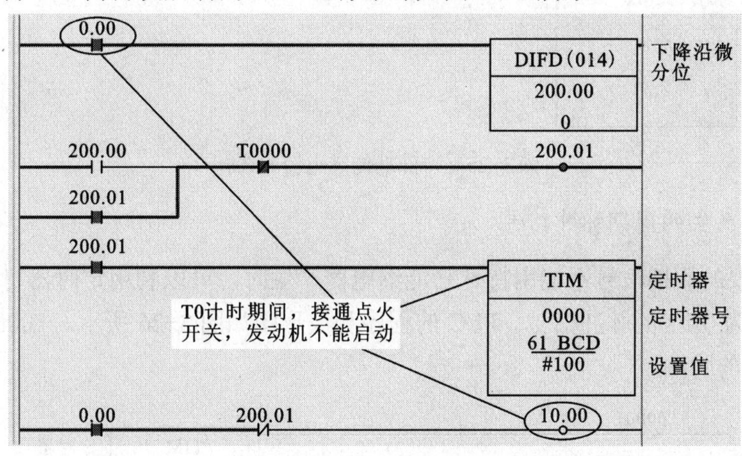

图 3-24 启动未成功 10 s 内再次启动的 PLC 运行跟踪

3. 结论

利用下降微分指令记录控制开关的下降沿，将下降沿存入内部继电器，由该内部继电器控制定时器动作，实现失电延时控制。

3.3 周期信号

3.3.1 脉冲与方波周期信号

控制系统经常需要周期信号做为系统同步信号，周期信号由 PLC 的特殊功能继电器与定时器两种方法产生。

1. 特殊功能继电器产生的周期方波信号

PLC 的特殊功能继电器提供 0.02 s、0.1 s、0.2 s、1 s、60 s 等 5 种周期的方波信号。例如，60 s 的周期信号的常开触点为 30 s 低电平（断开）和 30 s 的高电平（接通）。

如图 3-25 所示，PLC 的梯形图程序中，放置常开触点时通过单击下拉按钮，选择下拉列表框中特定的继电器名称可实现不同周期信号方波的选择。

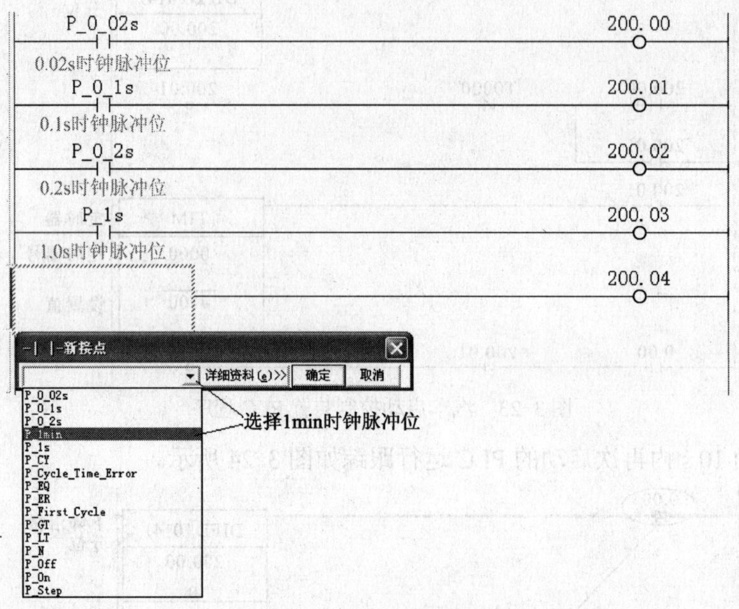

图 3-25 特殊功能继电器的选择

2. 定时器产生的周期脉冲信号

当系统需要的周期信号不能用特殊功能继电器产生时，可以利用定时器可以产生周期大于 0.1 s，单位为 0.1 s 的脉冲信号。PLC 的程序和波形图如图 3-26 所示，T0000 的常开触点的周期为 1.5 s 的脉冲。

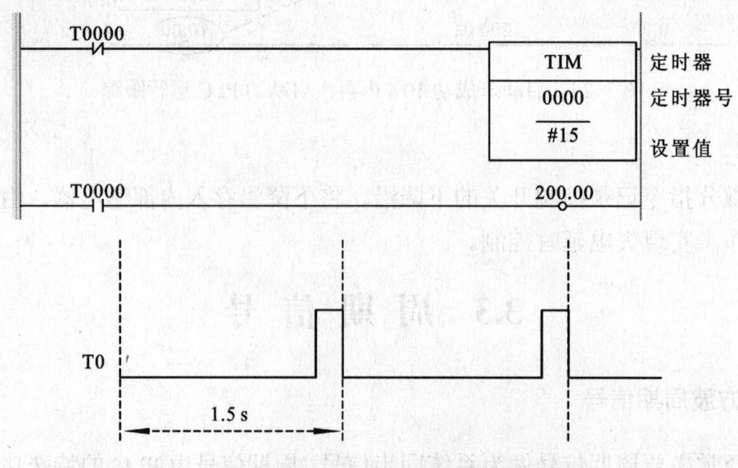

图 3-26 定时器产生的 1.5 s 周期脉冲信号

3. 定时器产生的周期方波信号

将定时器产生的脉冲信号二分频可产生方波信号。图 3-27 所示为 200.00 的输出周期为 3 s 的方波信号，低电平 1.5 s，高电平 1.5 s。

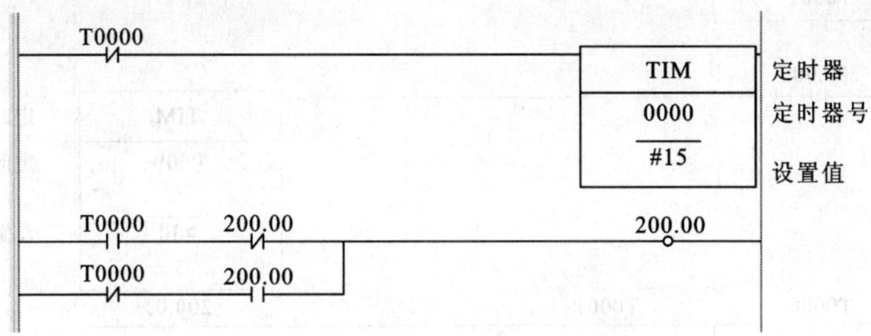

图 3-27 定时器产生的方波信号

波形图如图 3-28 所示。

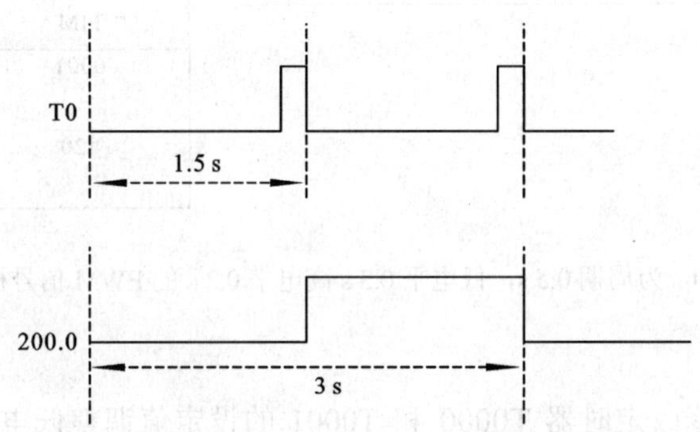

图 3-28 定时器产生的周期 3 s 的方波信号波形图

3.3.2 脉宽调制（PWM）信号

（一）高电平和低电平不对称的周期信号

PWM 信号指高电平和低电平不对称的周期信号，图 3-29 所示为周期为 0.5 s，高电平占 40%（0.2 s）的 PWM 信号。

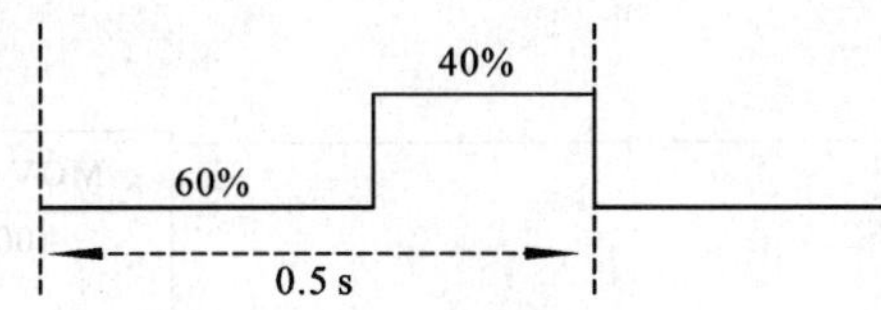

图 3-29 周期为 0.5 s，高电平占 40%（0.2 s）的 PWM 信号

PWM 信号通过 2 个定时器产生，一个用于控制低电平，另一个用于控制高电平，2 个定时器定时时间之和为 PWM 的周期。图 3-30 的 PWM 信号的梯形图程序如图 3-31 所示，200.01 的输出为周期 0.5 s，低电平 0.3 s，高电平 0.2 s 的 PWM 信号，定时器 T0000 定时时间为低电平宽度，定时器 T1 的定时时间为高电平的宽度。

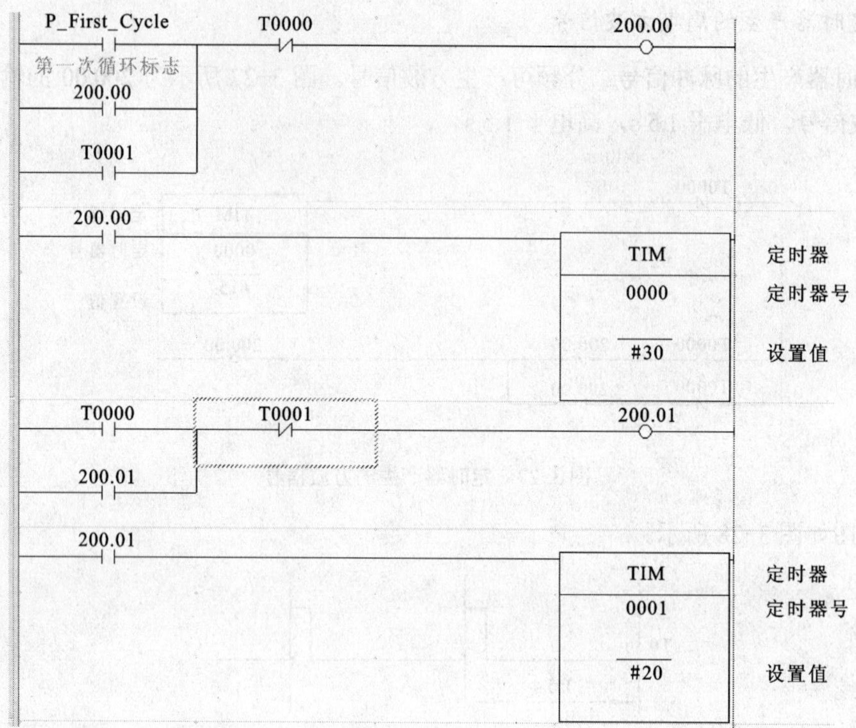

图 3-30　为周期 0.5 s，低电平 0.3 s 高电平 0.2 s 的 PWM 信号梯形图

（二）脉宽调制

通过程序的方法修改定时器 T0000 和 T0001 的设定值调整低电平和高电平的宽度称为脉宽调制。

PLC 的 1 个通道可以存储 16 位二进制数据。例如，201 通道可以存储 4 位十六进制数据，即#0000～#FFFF。MOV 指令的一个功能是将数据传送到通道中，其指令的格式如图 3-31 所示。

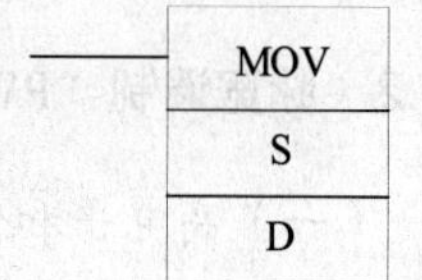

图 3-31　MOV 指令的格式

其中，S 表示源操作数，D 表示目的操作数，当输入条件接通时指令执行。图 3-32 所示为将十六进制数#0015 传送到 201 通道的程序。

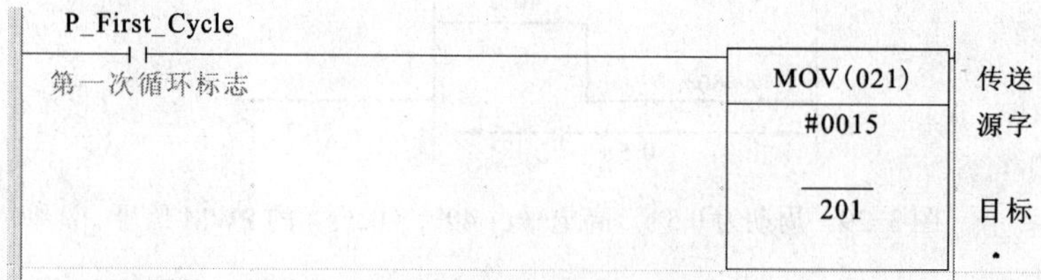

图 3-32　#0015 传送到 201 通道的程序

图 3-33 所示的程序中，MOV 指令在 PLC 程序第一次扫描被执行 1 次，以后的扫描中由于 P_First_Cycle 不再接通，所以 MOV 指令不再被执行。这种方式通常用于对通道设置初始

值。程序的运行跟踪和内存跟踪分别如图 3-33 和图 3-34 所示。

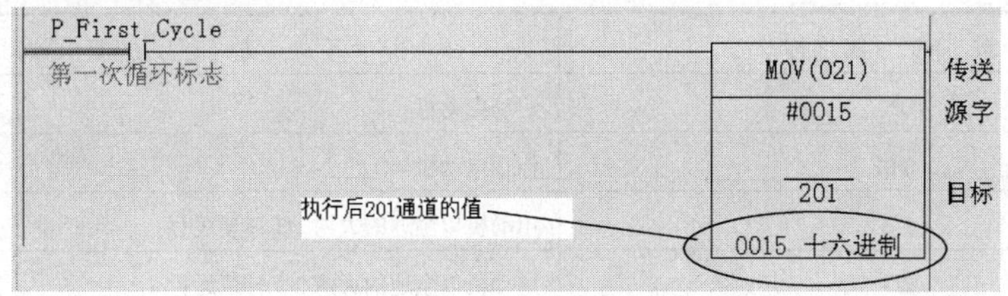

图 3-33　MOV 指令执行运行跟踪

CIO　201通道的值

首地址: 201　开　Off　设置值
改变顺序　强制置On　强制置Off　强制取消

	+0	+1	+2	+3	+4	+5	+6	+7	+8	+9
CIO0200	0000	0015	0000	0000	0000	0000	0000	0000	0000	0000
CIO0210	0000	0000	0000	0000	0000	0000	0000	0000	0000	0000
CIO0220	0000	0000	0000	0000	0000	0000	0000	0000	0000	0000
CIO0230	0000	0000	0000	0000	0000	0000	0000	0000	0000	0000
CIO0240	0000	0000	0000	0000	0000	0000	0000	0000	0000	0000
CIO0250	0000	0000	0000	0000	0000	0000	0000	0000	0000	0000
CIO0260	0000	0000	0000	0000	0000	0000	0000	0000	0000	0000
CIO0270	0000	0000	0000	0000	0000	0000	0000	0000	0000	0000
CIO0280	0000	0000	0000	0000	0000	0000	0000	0000	0000	0000
CIO0290	0000	0000	0000	0000	0000	0000	0000	0000	0000	0000
CIO0300	0000	0000	0000	0000	0000	0000	0000	0000	0000	0000
CIO0310	0000	0000	0000	0000	0000	0000	0000	0000	0000	0000
CIO0320	0000	0000	0000	0000	0000	0000	0000	0000	0000	0000
CIO0330	0000	0000	0000	0000	0000	0000	0000	0000	0000	0000
CIO0340	0000	0000	0000	0000	0000	0000	0000	0000	0000	0000
CIO0350	0000	0000	0000	0000	0000	0000	0000	0000	0000	0000

J: On/Off,　T: 改变顺序
Ctrl+J: 强制置On,　Ctrl+K: 强制置Off,　Ctrl+L: 强制取消

图 3-34　201 通道内存跟踪

PWM 信号在程序运行期间依据用户的需求而设定不同高电平宽度称为脉宽调制。下面通过案例介绍脉宽调制的方法。

1. 案例导入

电动机 PWM 调速控制。如图 3-35 所示，各按钮按下的功能如表 3-2 所示，4 个按钮分别实现启动、停止、1/3 转速和 2/3 转速。

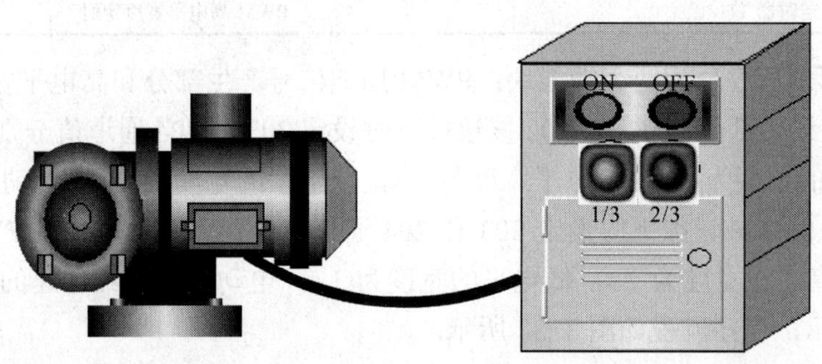

图 3-35　电动机 PWM 调速控制原理

表 3-2　电动机 PWM 调速控制按钮功能

按　钮　名　称	功　　　　能
ON	启动电动机
OFF	停止电动机
1/3	电动机以全速的大约 1/3 转速运行
2/3	电动机以全速的大约 2/3 转速运行

2. 解决方案

① PLC 的 I/O 接线如表 3-3 所示。

表 3-3　电动机 PWM 调速控制 I/O 地址分配表

设　备	接 线 端 子	功　　能
ON	0.00	启动电动机
OFF	0.01	停止电动机
1/3	0.02	电动机以全速的大约 1/3 转速运行
2/3	0.03	电动机以全速的大约 2/3 转速运行
KM	10.00	电动机启动与停止接触器

② PLC 的梯形图程序如图 3-36 所示，程序中各内部继电器与通道的作用如表 3-4 所示。

表 3-4　电动机 PWM 调速控制各内部继电器与通道的作用

内部继电器与通道	功　　　能
200.00	定时器 T0 计时输入条件
200.01	定时器 T1 计时输入条件
200.02	电动机启动与停止运行状态
203 通道	定时器 T0 的设定值存储
204 通道	定时器 T1 的设定值存储
定时器 T0	PWM 低电平宽度定时
定时器 T1	PWM 高电平宽度定时

PLC 的梯形图程序分为两大功能块：PWM 周期信号产生部分和高电平宽度设定部分。对于高电平宽度设定部分程序，当 0.02 按钮按下时设定 203 和 204 通道值分别为#20 和#10，PWM 周期信号的周期为 3 s，高电平宽度为 1 s，低电平的宽度为 2 s，电动机以大约全速的 1/3 运行；当 0.03 按钮按下时设定 203 和 204 通道值分别为#10 和#20，PWM 周期信号的周期为 3 s，高电平宽度为 2 s，低电平的宽度为 1 s，电动机以大约全速的 2/3 运行。程序如图 3-36 所示，程序流程如图 3-37 所示。

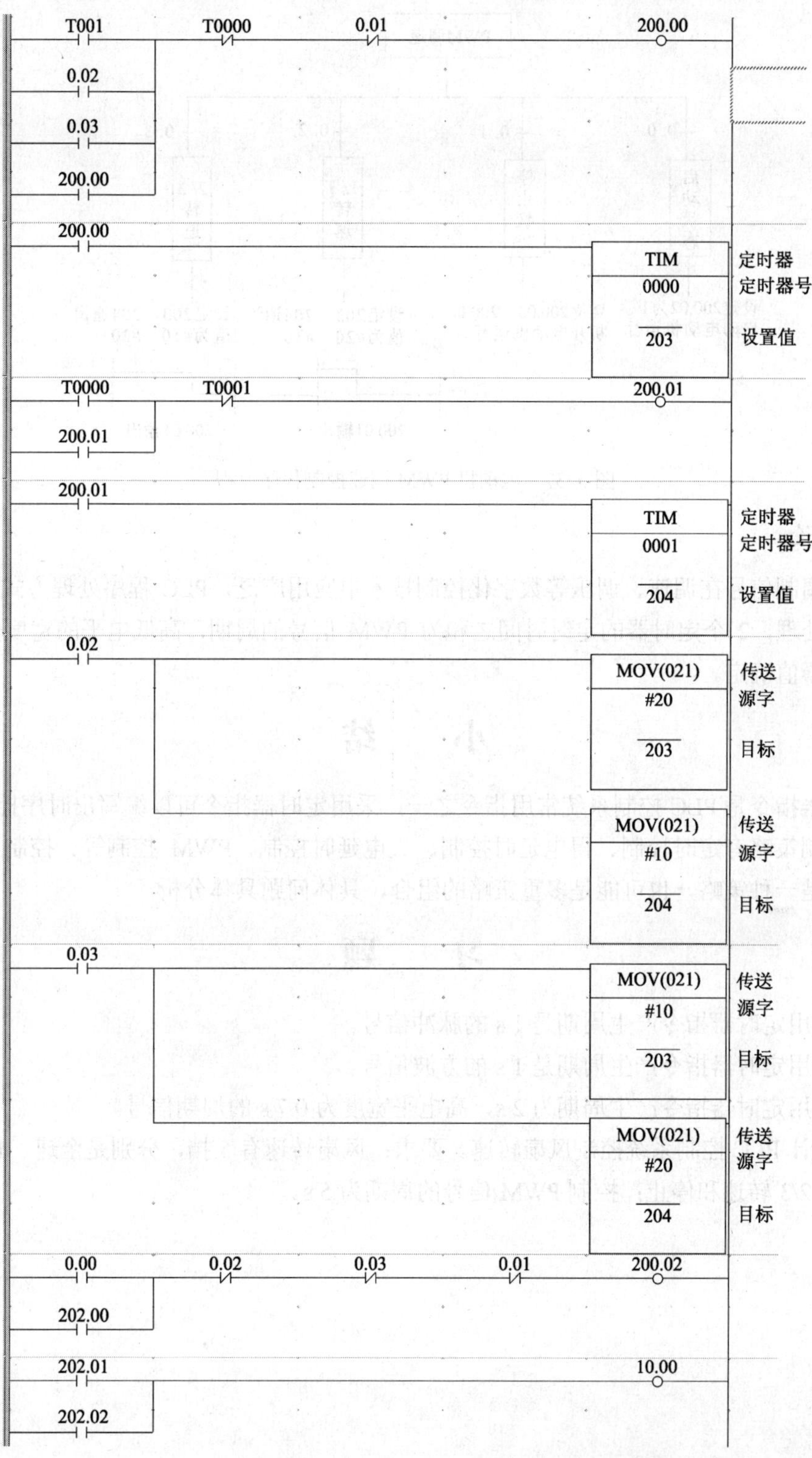

图 3-36　电动机 PWM 调速控制梯形图程序

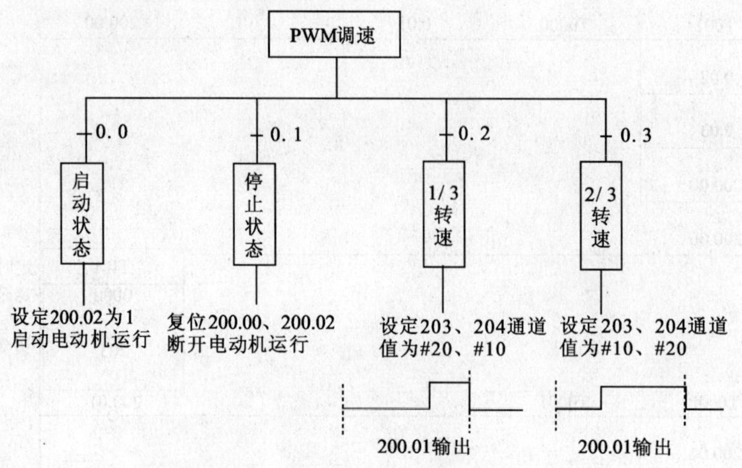

图 3-37　电动机 PWM 调速控制程序流程

3. 结论

脉宽调制信号在调速、调压等数字化控制技术中应用广泛，PLC 程序处理方式是采用 2 个定时器处理，2 个定时器的定时时间之和为 PWM 信号的周期，高低电平的宽度分别通过设定定时器值确定。

小　　结

定时器指令是 PLC 控制系统常用指令之一，采用定时器指令可以编写出时序控制程序，常用的控制策略有定时控制、得电延时控制、失电延时控制、PWM 控制等。控制系统中采用的可能是一种策略，也可能是多重策略的组合，具体问题具体分析。

习　　题

1. 利用定时器指令产生周期是 1 s 的脉冲信号。
2. 利用定时器指令产生周期是 1 s 的方波信号。
3. 利用定时器指令产生周期为 2 s，高电平宽度为 0.7 s 的周期信号。
4. 设计 PLC 控制系统控制风扇转速。要求：风扇转速有 5 挡，分别是全速、1/4 转速、1/3 转速、2/3 转速和停止；控制 PWM 信号的周期为 5 s。

第4章 计数控制技术

【知识目标】

掌握计数器指令 CNT 的语法和功能。

【能力目标】

- 掌握定值计数触发控制技术的应用环境和编程方法。
- 掌握事件统计技术的应用环境和编程方法。
- 掌握定时控制技术和计数控制技术的混合编程方法。

4.1 计数器指令（CNT）

4.1.1 计数器指令梯形图符号

计数器指令格式如图 4-1 所示。

对符号各部分说明如下：

- CNT：计数器指令标识符；
- N：计数器的编号，范围为 0～511，即可用的计数器为 512 个；计数器和定时器统一编址，即程序中若编号被定时器使用则计数器将不能使用该编号；

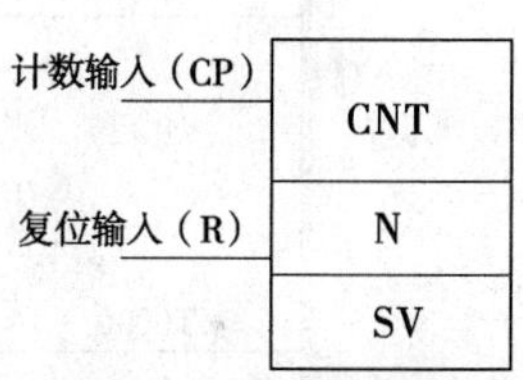

图 4-1 CNT 指令格式

- SV：设定值，即设定的定时时间，可以使用 IO、AR、DM、HR 区域的通道与十六进制数据，SV 的最大设定值为 BCD 码格式的 9 999。

4.1.2 计数器指令的操作

（一）功能

计数输入端的上升沿 SV 的值减 1，当 SV 的值减到 0 时，计数器对应的继电器值设置为“1”，对应常开触点接通，常闭触点断开；复位输入端有效时，计数器 SV 值恢复为原设定值，同时计数器的继电器值设置为“0”，对应的常开触点断开，常闭触点接通。

（二）操作

1. 案例导入

啤酒打包控制。如图 4-2 所示，啤酒生产线上，当完成装灌后需要对啤酒打包，12 罐为 1 个包装。传感器 A 检测到啤酒通过，汽缸 B 阀门打开，将啤酒推入打包设备，12 罐打一包。

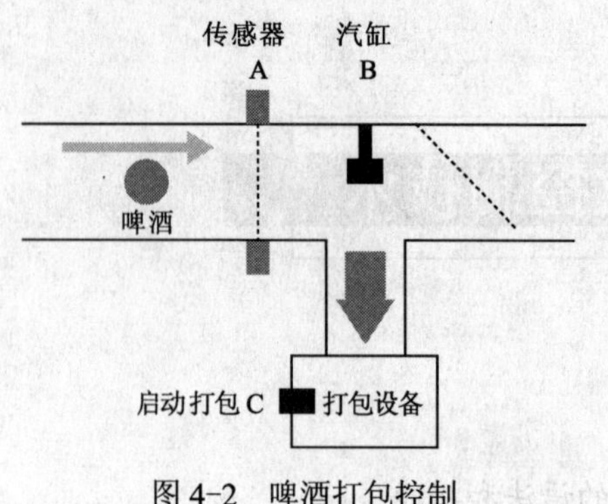

图 4-2　啤酒打包控制

2. 解决方案

传感器 A 接输入端子 0.00，10.00 输出端子接汽缸 B 阀门控制，10.01 输出端子接启动打包装置。计数器的设定值为 12，传感器检测到有啤酒通过，延时 3 s 启动汽缸 B 动作，当计数器的值减到 0，启动打包设备，同时计数器复位。

啤酒打包控制的 PLC 程序如图 4-3 所示。

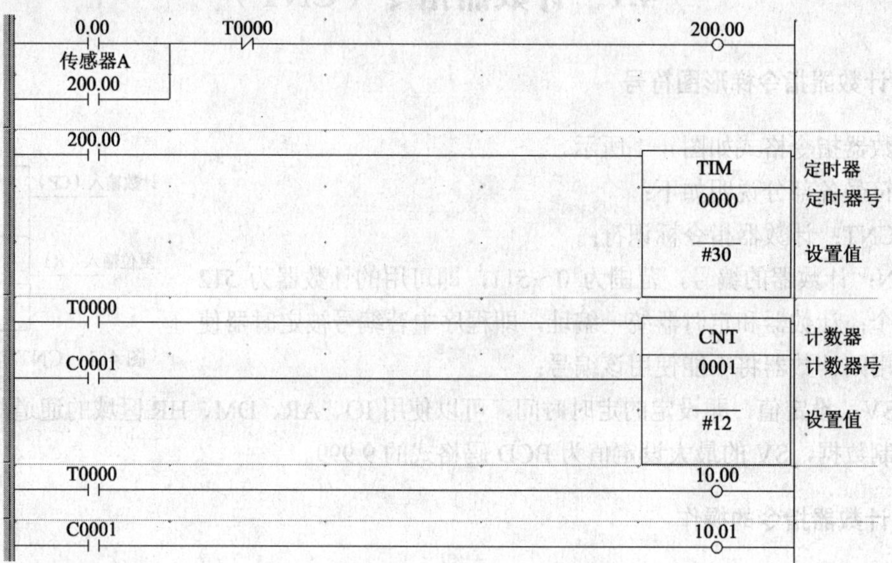

图 4-3　啤酒打包控制 PLC 程序

当有啤酒通过传感器 A，设置 200.00 为“1”，启动定时器延时 3 s 定时，定时器计时时间到后计数器减 1，同时复位 200.00；计数器减到 0 启动打包设备同时复位计数器将设定值 SV 设定为#12。

3. 结论

结论 1：定时器与计数器编号不能相同。啤酒打包控制 PLC 程序中，若定时器占用编号 0 则计数器不能使用编号 0。

结论 2：CP 端的上升沿计数器减 1 计数，图 4-4 是啤酒打包控制通过 10 个啤酒罐后的程序运行跟踪。

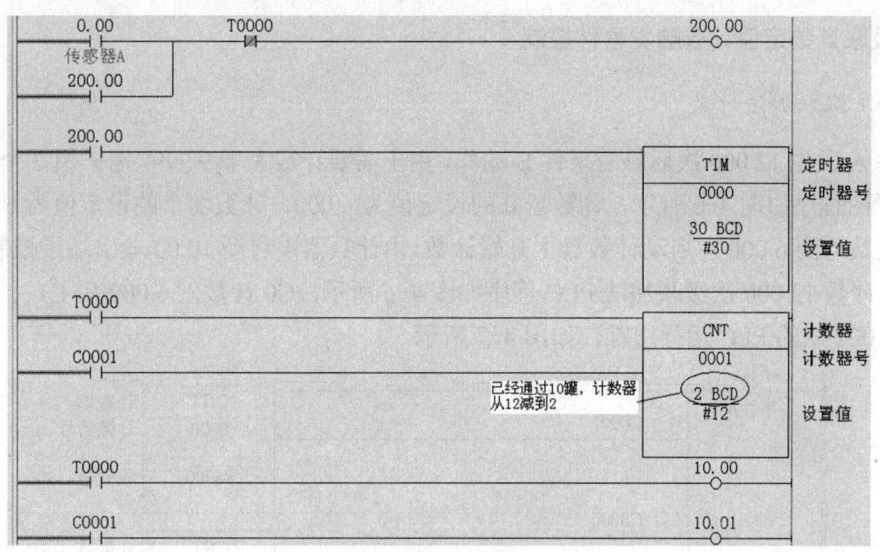

图 4-4 啤酒打包控制通过 10 个啤酒罐后的程序运行跟踪

结论 3：计数器减到 0 后，对应的常开触点闭合，啤酒打包控制程序中，当计数器减到 0 后，对应常开触点闭合将完成 2 个动作，即设置 10.01 动作完成打包和复位计数器 1。波形如图 4-5 所示。

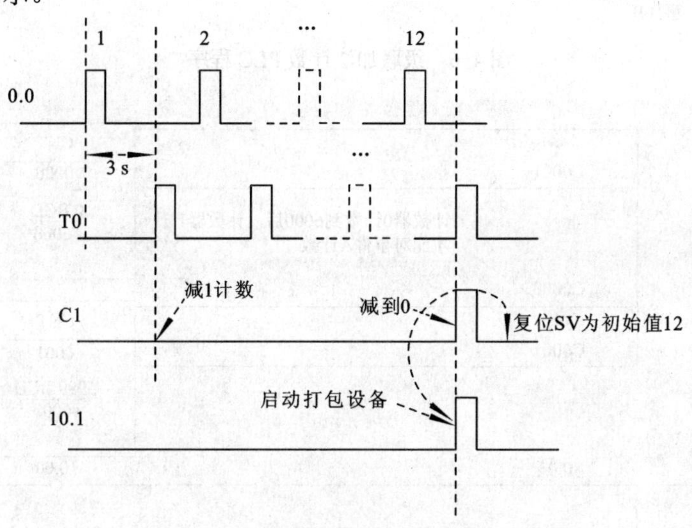

图 4-5 啤酒打包控制运行波形图

4.2 定值计数触发事件控制

计数器设定值是固定的数值，当计数到设定的次数时，触发某个事件动作为定值计数控制。

4.2.1 单计数器定值计数触发事件控制

啤酒打包控制就是一个典型的单计数器定值计数触发事件控制，采用一个计数器，设定的计数值为 12，计数到 12 后启动打包设备工作。

4.2.2 级联计数定值计数触发事件控制

（一）级联加法计数

事件A发生12 000次后触发事件B动作，由于需要计数大于9 999，需采用2个计数器，PLC梯形图程序如图4-6所示，计数器0的设定值为6 000，计数器1的设定值为6 000，计数器0记数值到6 000后启动计数器1开始计数，由计数器1启动10.00输出端子控制的事件B动作。计数12 000次级联加法PLC程序如图4-6所示，C0计数到6 000后C1才会计数。计数到6 001次的PLC运行跟踪，如图4-7所示。

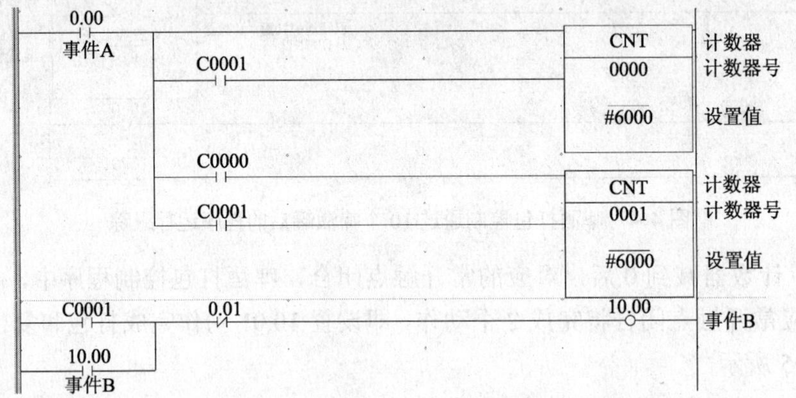

图4-6 级联加法计数PLC程序

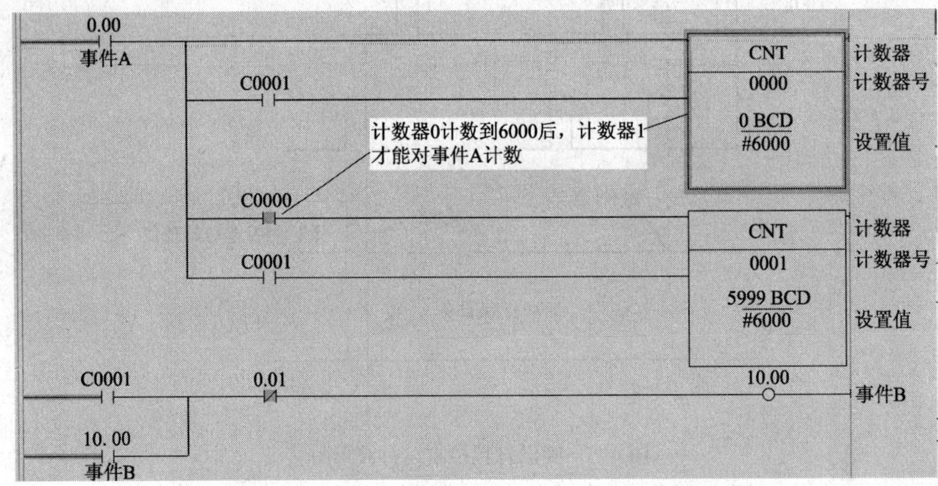

图4-7 级联加法计数到6001次PLC程序运行跟踪

（二）级联乘法计数

事件A发生12 000次后触发事件B动作，也可以采用级联乘法方式控制。采用2个计数器，计数器0的设定值SV为6 000，计数器1的设定值SV值为2，计数器1对计数器0的输出计数，梯形图如图4-8所示，计数器0每完成6 000次计数，计数器1计数1次，当计数器1的2次计数完成时，事件A发生了12 000次。

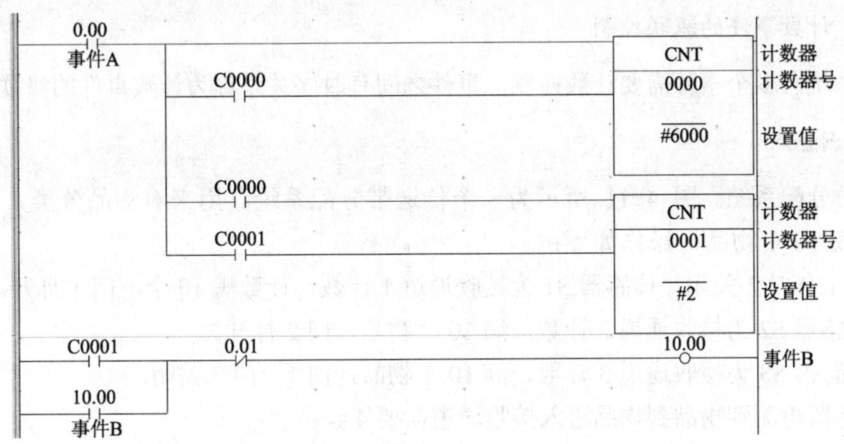

图 4-8　级联乘法计数 PLC 程序

（三）定时器计数器级联乘法定时

定时器的最长定时为 999.9 s，当需要大于该时间定时操作时采用的方法是定时器级联及定时器和计数器的级联两种方法，其中定时器的级联做级联加法，定时器与计数器的级联做级联乘法。

图 4-9 给出的 PLC 程序是定时器的级联乘法实现 1 800 s 周期脉冲信号，定时器 T0 的定时时长为 600 s，计数器 C1 对定时器 T0 产生的 600 s 的周期脉冲信号计数，计数器值为 3，所以计数器 C1 每过 1 800 s 输出 1 个扫描周期的高电平。其波形如图 4-10 所示。

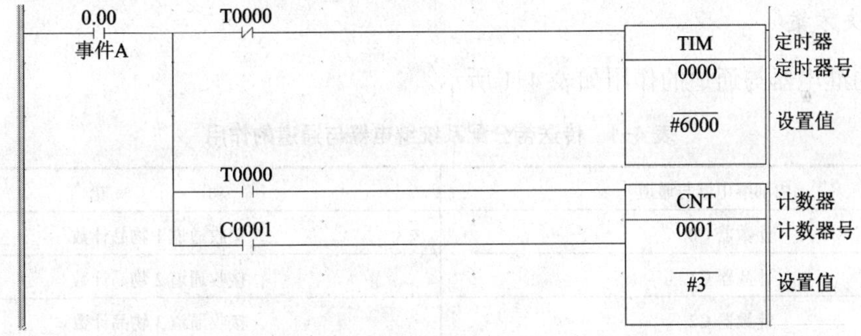

图 4-9　定时器计数器级联乘法定时 PLC 程序

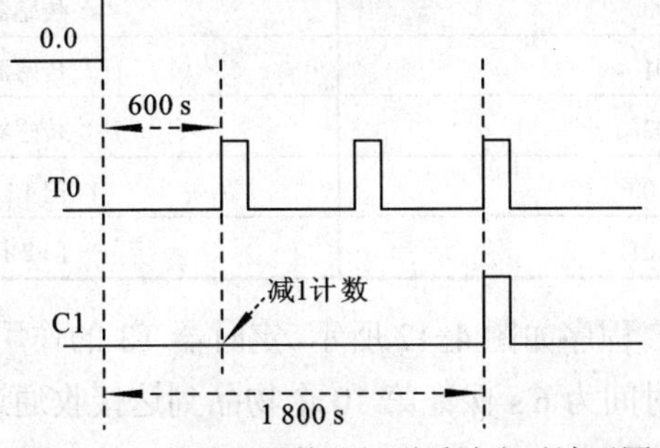

图 4-10　定时器计数器级联乘法定时波形图

（四）计数事件的级联控制

控制系统有多个事件需要计数控制，事件之间有时序关系称为计数事件的级联控制。

1. 案例导入

传送带分配系统。图 4-11 所示为一个传送带分配系统，用来对物品分类，使每个传送通道接收 10 个物品，操作如下：

① 门 1 与门 2 关闭，传感器 S1 为接收通道 1 计数，计数满 10 个，门 1 打开。

② 传感器 S2 为接收通道 2 计数，满 10 个物品，门 2 打开。

③ 传感器 S3 为接收通道 3 计数，满 10 个物品，门 1、门 2 关闭。

从传感器检测到物品到物品进入接收通道需要 4 s。

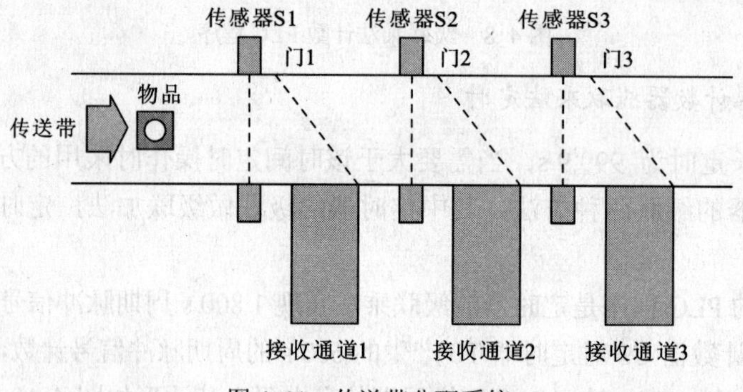

图 4-11　传送带分配系统

2. 解决方案

PLC 的继电器与通道的作用如表 4-1 所示。

表 4-1　传送带分配系统继电器与通道的作用

内部继电器与通道	功　　能
计数器 C0	接收通道 1 物品计数
计数器 C1	接收通道 2 物品计数
计数器 C2	接收通道 3 物品计数
定时器 T3	系统复位
输入端子 0.00	传感器 S1
输入端子 0.01	传感器 S2
输入端子 0.02	传感器 S3
输出端子 10.00	门 1 打开与关闭
输出端子 10.01	门 2 打开与关闭

传送带分配系统的 PLC 程序如图 4-12 所示，定时器 T3 的作用是当接收通道 3 接收到第 10 个物品开始定时，定时时间为 6 s 保证第 10 个物品到达接收通道 3，计时时间到后，门 1 和门 2 关闭，所有计数器复位。

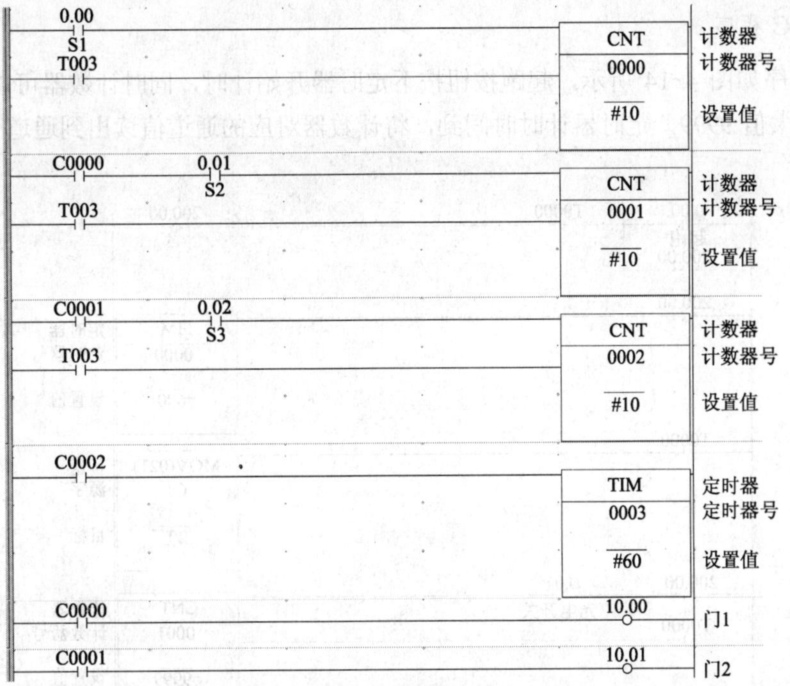

0.00
S1
T003
CNT
0000
#10
计数器
计数器号
设置值
C0000
0.01
S2
T003
CNT
0001
#10
计数器
计数器号
设置值
C0001
0.02
S3
T003
CNT
0002
#10
计数器
计数器号
设置值
C0002
TIM
0003
#60
定时器
定时器号
设置值
C0000
10.00
门1
C0001
10.01
门2

图 4-12 传送带分配系统的 PLC 程序

3. 结论

用上一计数器的计数结果控制下一个计数器的计数可实现计数事件的级联控制，案例中只用 C0 计数到 10，C1 才能计数。

4.3 事件统计控制

所谓事件统计控制即统计某事件发生的次数并做记录，例如统计某固定时间内事件发生次数或频率称为事件统计控制。

4.3.1 单计数器事件统计控制

当控制系统中事件发生次数小于 9 999 时，可采用一个计数器对事件的发生进行统计。

1. 案例导入

跑步机。如图 4-13 所示，按下起跑按钮后开始计时，训练者跑一步，光电开关动作 2 次，统计训练者 1 min 跑的步数。

2. 解决方案

(1) PLC 的接线原理

起跑按钮接输入端子 0.00，光电开关接输入端子 0.01。

起跑按钮
跑道
光电开关
PC1

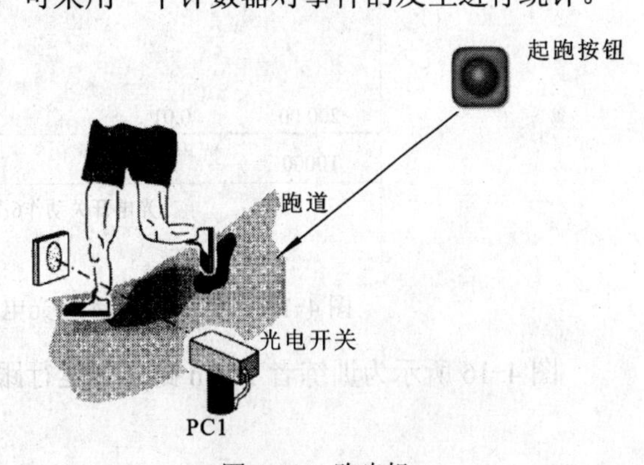

图 4-13 跑步机

（2）PLC 程序

PLC 程序如图 4-14 所示，起跑按钮按下定时器开始计时，同时计数器可以计数，计数器设置为最大值 9999，定时器计时时间到，将计数器对应的通道值读出到通道 20 以备后续程序处理。

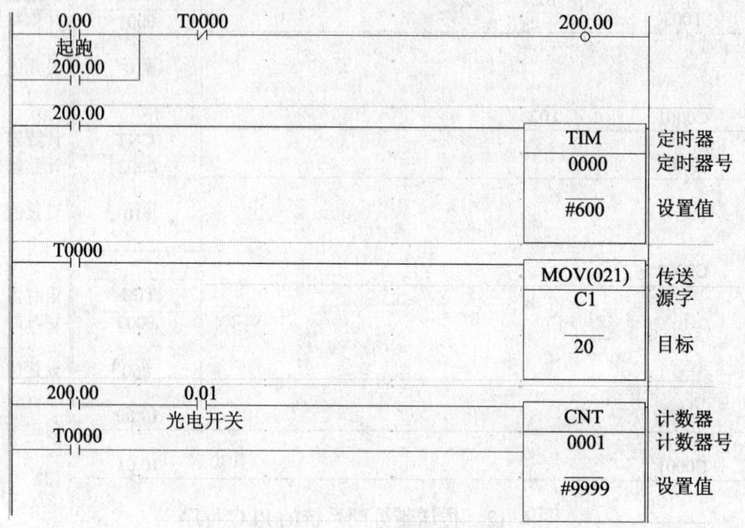

图 4-14　跑步机 PLC 程序

图 4-15 所示为计时过程中训练者跑 3 步（光电开关动作 6 次）PLC 运行跟踪，起跑按钮按下定时器开始计时，光电开关动作 1 次，计数器减 1；跑 3 步光电开关动作 6 次，计数器的通道值为 9993。

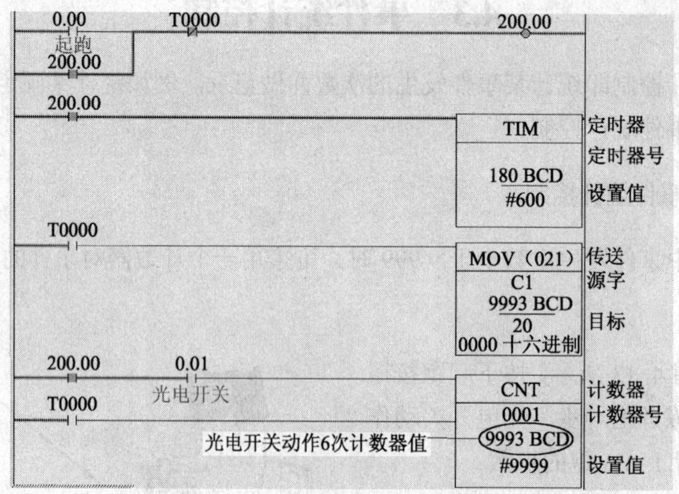

图 4-15　训练者跑 3 步（光电开关动作 6 次）PLC 运行跟踪

图 4-16 所示为训练者 1 min 跑 3 步运行跟踪和 PLC 内存跟踪。

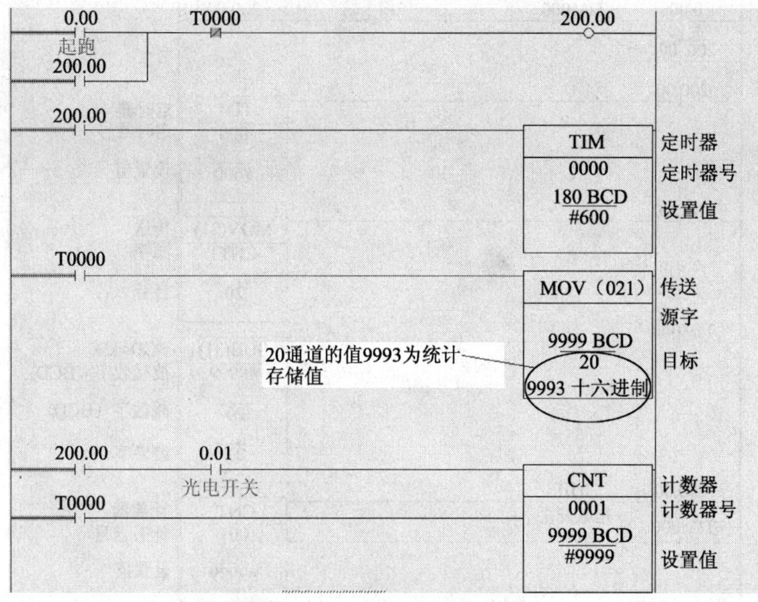

（a）训练者 1 min 跑 3 步运行跟踪

CIO

首地址: 20　开　Off　设置值

改变顺序　强制置On　强制置Off　强制取消

	+0	+1	+2	+3	+4	+5	+6	+7	+8	+9
CIO0000	0000	0000	0000	0000	0000	0000	0000	0000	0000	0000
CIO0010	0000	0000	0000	0000	0000	0000	0000	0000	0000	0000
CIO0020	9993	0000	0000	0000	0000	0000	0000	0000	0000	0000
CIO0030	0000	0000	0000	0000	0000	0000	0000	0000	0000	0000
CIO0040	0000	0000	0000	0000	0000	0000	0000	0000	0000	0000
CIO0050	0000	0000	0000	0000	0000	0000	0000	0000	0000	0000
CIO0060	0000	0000	0000	0000	0000	0000	0000	0000	0000	0000
CIO0070	0000	0000	0000	0000	0000	0000	0000	0000	0000	0000
CIO0080	0000	0000	0000	0000	0000	0000	0000	0000	0000	0000
CIO0090	0000	0000	0000	0000	0000	0000	0000	0000	0000	0000
CIO0100	0000	0000	0000	0000	0000	0000	0000	0000	0000	0000
CIO0110	0000	0000	0000	0000	0000	0000	0000	0000	0000	0000
CIO0120	0000	0000	0000	0000	0000	0000	0000	0000	0000	0000
CIO0130	0000	0000	0000	0000	0000	0000	0000	0000	0000	0000
CIO0140	0000	0000	0000	0000	0000	0000	0000	0000	0000	0000
CIO0150	0000	0000	0000	0000	0000	0000	0000	0000	0000	0000

（b）训练者 1 min 跑 3 步 PLC 内存跟踪

图 4-16　训练者 1 分钟跑 3 步运行跟踪和 PLC 内存跟踪

如果现需要计算出具体的数值，可以在程序中用 PLC 的 BCD 码及减法指令 SUB 用 BCD 数 9999 减去计数器的值从而得到具体计数数值。该指令的功能可参考第 5 章，程序如图 4-17 所示，1 min 跑的步数存储在 21 通道中。

3. 结论

将计数器的设定值设置为计数最大值#9999，计数结束前将计数器通道数值 N 传送到 PLC 的其他通道中，则 BCD 运算的#9999-N 的值即为本次计数数值。

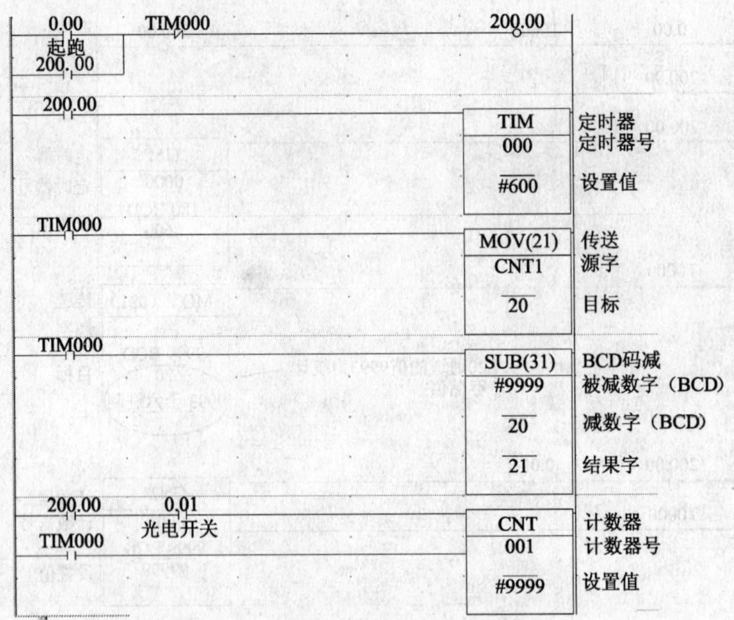

图 4-17　计算出步数的跑步机 PLC 程序

4.3.2　多计数器事件统计控制

当需要计数的事件大于 9999 时需要采用多个计数器控制，存储计数器计数值的通道必须连续。跑步机采用 2 个计数器统计 10 min 跑的步数程序如图 4-18 所示，采用 C1、C2 计数器，结果存储于 20、21 通道中，其中 20 通道存储低 4 位，21 通道存储高 4 位。

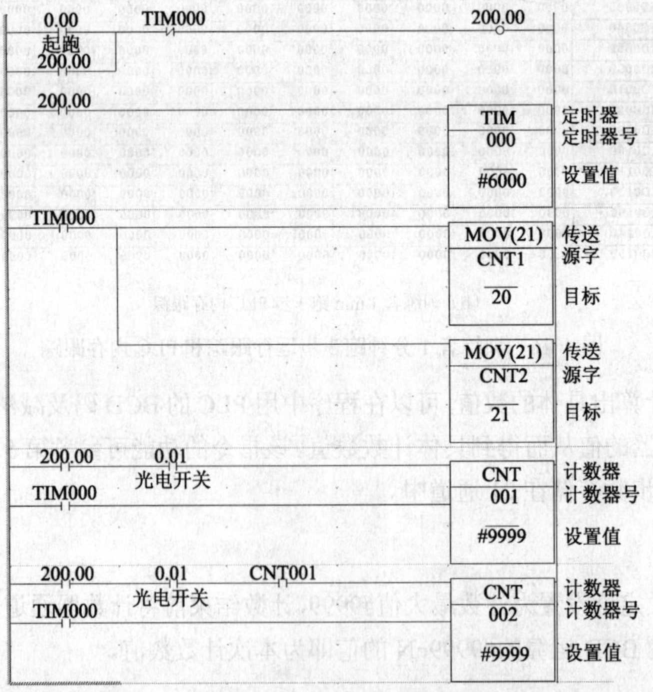

图 4-18　2 计数器跑步机 PLC 程序

小　结

PLC 的计数指令用于对事件的发生统计，事实上统计的是事件的上升沿信号，需要注意的是欧姆龙 PLC 的计数器和定时器一样，设定的数值采用 BCD 码，计数方式是减法计数。采用计数器指令的控制策略有 2 大类：一类是定值计数触发事件控制，另一类是事件统计控制。实现控制策略时，如果 1 个计数器不能满足系统要求，可以采用多个计数器级联，级联计数器之间相互制约。

习　题

1．设计一个传送带控制系统，传送带控制系统有“启动”、“停止”按钮各 1 个，光电式接近开关用于检测是否有物品通过，按下“启动”按钮，传送带开始传送，每通过 10 个盒子停止 1 min 用于设备已经传送的 10 个物品处理，按下“停止”按钮，传送带停止工作。

2．汽车轮胎有光电发射装置，接收装置安装在底盘上，设计 PLC 控制系统测量汽车的转速，即每分钟行驶多少圈。

3．30 min 为一个时间计量单位，24 h 为一个计数周期，设计 PLC 程序实现该功能。

第5章 应用指令

【知识目标】

- 掌握可编程序控制器指令的操作数和微分指令的格式与功能。
- 了解数据传送类指令的语法和功能。
- 了解数据移位类指令的语法和功能。
- 了解数据运算类指令的语法和功能。
- 了解数据转换类指令的语法和功能。

5.1 应用指令基础

5.1.1 操作数

1. 位操作数单元

1 个继电器在 PLC 内存中对应 1 位存储单元，该单元可存储 1 位二进制数据，即“0”或“1”，在应用指令中可以称为位操作数，位操作数表示为“通道号.通道内位数”，例如 200.00、0.00 等。DM 通道不允许以位形式访问，“DM0.00”是不正确的引用。

2. 字操作数单元

1 个通道由 16 个继电器组成，1 个通道在应用指令中称为 1 个字操作数，字操作数用通道号表示。例如 200，DM0。

3. 双字操作数单元

2 个连续的通道组成的 32 位操作数称为双字操作数，双字操作数也以低位通道名号表示。例如，21、20 两个通道组成的双字操作数表示为 20。

4. 立即数

立即数即 PLC 程序中引用的常数，CPM2*类 PLC 只可以以十六进制形式引用立即数，在数据前加“#”。例如，#3650 表示的十六进制数 3650。由于 PLC 提供 BCD 码的运算操作，定时器与计数器的减 1 操作就是 BCD 码运算，所以以十六进制形式存储的数据在 BCD 码运算中可以视为十进制数据。例如，定时器设定值为#1000，采用 BCD 码减 1 计时后的值为#999，但是如果采用二进制减 1 计时后的值应为#FFF。如果非特殊说明，PLC 程序一般以 BCD 码实现数据操作。

5.1.2 微分指令

大多数指令是以微分和非微分 2 种形式给出的。微分指令是通过在指令助记符的前面加一个@来区分的。一个非微分指令只要它的执行条件为“1”，则每次扫描时都执行它。一个微分指令仅在它的执行条件是从“0”变为“1”时执行一次。假如从上次扫描指令起，执行条件不变或者是从“1”变到“0”时不执行该指令。

5.2 数据传送指令

数据传送指令有 9 条，该类指令的功能是数据在 PLC 内存单元之间的传送，如表 5-1 所示。

表 5-1 数据传送指令

助记符	功　　能	典型应用示例	示例说明
BSET	块数据传送	BSET #0001 DM0 DM9	将#0001 数据传送到 DM0～DM9 10 个字单元
COLL	源偏移地址传送	COLL DM0 #4 DM10	将 DM0+4 单元数据传送到 DM10
DIST	目的偏移地址传送	DIST DM10 DM0 #4	将 DM10 单元数据传送到 DM0+4 单元
MOV	直接传送	MOV DM0 DM10	将 DM0 单元数据传送到 DM10 单元
MOVB	位传送	MOVB DM0 #1201 DM1	将 DM0 单元数据的 01 位传送到 DM1 单元的 12 位
MOVD	数字传送	MOVD DM0 #0023 DM1	将 DM0 单元 3 位数字传送到 DM1 单元
MVN	取反传送	MNV DM0 DM10	将 DM0 单元数据取反传送到 DM10 单元
XCHG	交换	XCHG DM0 DM10	交换 DM0 和 DM10 单元中的数据
XFER	块传送	XFER #10 DM0 DM20	将 DM0 开始的 10 个单元中的数据传送到 DM10 开始的 10 个单元中

关于数据传送指令的操作数要求，读者可以参考欧姆龙 PLC 的编程手册。

5.2.1 BSET 指令

1. 格式

BSET 指令的格式如图 5-1 所示。

图 5-1 BSET 指令格式

2. 功能

BSET 指令的功能如图 5-2 所示，将源操作数传送到 St 单元开始到 E 单元结束的数据单元块中。

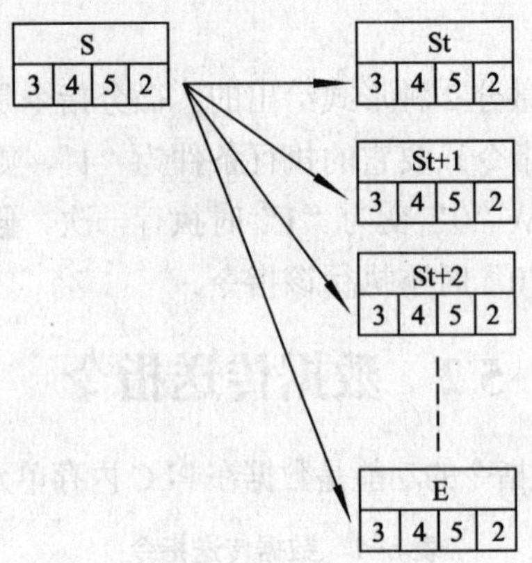

图 5-2　BSET 指令的功能

3. 指令应用示例

生产调配系统总的可支配物资为 10 000 件，开始平均分配到 5 个部门，即每部门 2 000 件。

解决方案：PLC 程序中采用 BSET 指令将#2 000 分配到 DM0～DM4 的 5 个单元中，程序如图 5-3 所示。

图 5-3　BSET 指令将#2000 分配到 DM0～DM4 的 5 个单元 PLC 程序

PLC 加电后将#2000 传送到 DM0 到 DM4 的 5 个单元，执行后内存情况如图 5-4 所示。

D

首地址：0　开　Off　设置值

改变顺序　强制置On　强制置Off　强制取消　DM0-DM4单元的值

	+0	+1	+2	+3	+4	+5	+6	+7	+8	+9
D00000	2000	2000	2000	2000	2000	0000	0000	0000	0000	0000
D00010	0000	0000	0000	0000	0000	0000	0000	0000	0000	0000
D00020	0000	0000	0000	0000	0000	0000	0000	0000	0000	0000
D00030	0000	0000	0000	0000	0000	0000	0000	0000	0000	0000
D00040	0000	0000	0000	0000	0000	0000	0000	0000	0000	0000
D00050	0000	0000	0000	0000	0000	0000	0000	0000	0000	0000
D00060	0000	0000	0000	0000	0000	0000	0000	0000	0000	0000
D00070	0000	0000	0000	0000	0000	0000	0000	0000	0000	0000
D00080	0000	0000	0000	0000	0000	0000	0000	0000	0000	0000
D00090	0000	0000	0000	0000	0000	0000	0000	0000	0000	0000
D00100	0000	0000	0000	0000	0000	0000	0000	0000	0000	0000
D00110	0000	0000	0000	0000	0000	0000	0000	0000	0000	0000
D00120	0000	0000	0000	0000	0000	0000	0000	0000	0000	0000
D00130	0000	0000	0000	0000	0000	0000	0000	0000	0000	0000
D00140	0000	0000	0000	0000	0000	0000	0000	0000	0000	0000
D00150	0000	0000	0000	0000	0000	0000	0000	0000	0000	0000

图 5-4　DM0～DM4 的 5 个单元内存跟踪

5.2.2　COLL 指令

1. 格式

COLL 指令的格式如图 5-5 所示。

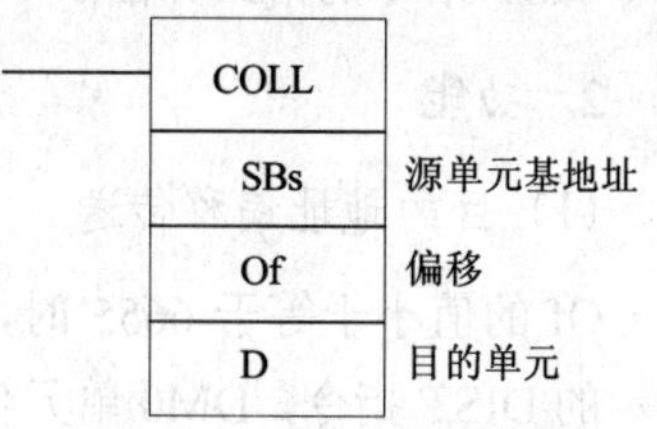

图 5-5　COLL 指令的格式

2. 功能

(1) 源地址偏移传送

当 Of 的值小于等于 6655 时，指令功能是将（SBs+Of）单元中的数据传送到 D 单元，如图 5-6 所示的 COLL 指令。

图 5-6 指令执行后 PLC 的内存跟踪如图 5-7 所示。

图 5-6　COLL 指令的数据传送功能

首地址: 4

	+0	+1	+2	+3	+4	+5	+6	+7	+8	+9
D00000	2000	2000	2000	2000	0034	0000	0000	0000	0000	0000
D00010	0034	0000	0000	0000	0000	0000	0000	0000	0000	0000
D00020	0000	0000	0000	0000	0000	0000	0000	0000	0000	0000
D00030	0000	0000	0000	0000	0000	0000	0000	0000	0000	0000
D00040	0000	0000	0000	0000	0000	0000	0000	0000	0000	0000
D00050	0000	0000	0000	0000	0000	0000	0000	0000	0000	0000
D00060	0000	0000	0000	0000	0000	0000	0000	0000	0000	0000
D00070	0000	0000	0000	0000	0000	0000	0000	0000	0000	0000
D00080	0000	0000	0000	0000	0000	0000	0000	0000	0000	0000
D00090	0000	0000	0000	0000	0000	0000	0000	0000	0000	0000
D00100	0000	0000	0000	0000	0000	0000	0000	0000	0000	0000
D00110	0000	0000	0000	0000	0000	0000	0000	0000	0000	0000
D00120	0000	0000	0000	0000	0000	0000	0000	0000	0000	0000
D00130	0000	0000	0000	0000	0000	0000	0000	0000	0000	0000
D00140	0000	0000	0000	0000	0000	0000	0000	0000	0000	0000
D00150	0000	0000	0000	0000	0000	0000	0000	0000	0000	0000

图 5-7　COLL DM0 #4 DM10 执行内存跟踪

(2) 先进先出堆栈（FIFO）

当 Of 的值在 9000～9999 之间，将最先进入堆栈的数据传送到 D 单元，传送完成后，SBs 递减 1。

(3) 后进先出堆栈（LIFO）

当 Of 的值在 8000～9999 之间，将最后进入堆栈数据传送到 D 单元，传送完成后，SBs 递减 1。

5.2.3 DIST 指令

1. 格式

DIST 指令的格式如图 5-8 所示。

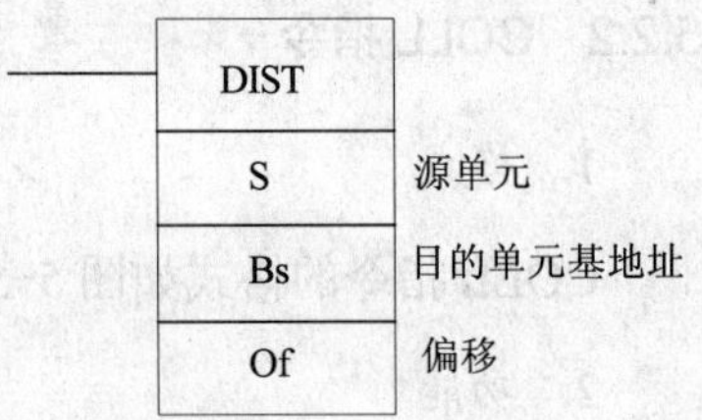

图 5-8 DIST 指令的格式

2. 功能

（1）目的地址偏移传送

Of 的值小于等于 6655 时，DIST 指令将源单元数据传送到（Bs+Of）目的单元。图 5-9 所示的 DIST 指令，DM0 单元值为#34，指令执行后 DM0 单元数据传送到 DM14 单元。内存跟踪如图 5-10 所示。

图 5-9 DIST 指令的目的地址偏移传送功能

D

首地址: 85 开 Off 设置值

改变顺序 强制置On 强制置Off 强制取消

	+0	+1	+2	+3	+4	+5	+6	+7	+8	+9
D00000	0034	0000	0000	0000	0000	0000	0000	0000	0000	0000
D00010	0000	0000	0000	0000	0034	0000	0000	0000	0000	0000
D00020	0000	0000	0000	0000	0000	0000	0000	0000	0000	0000
D00030	0000	0000	0000	0000	0000	0000	0000	0000	0000	0000
D00040	0000	0000	0000	0000	0000	0000	0000	0000	0000	0000
D00050	0000	0000	0000	0000	0000	0000	0000	0000	0000	0000
D00060	0000	0000	0000	0000	0000	0000	0000	0000	0000	0000
D00070	0000	0000	0000	0000	0000	0000	0000	0000	0000	0000
D00080	0000	0000	0000	0000	0000	0000	0000	0000	0000	0000
D00090	0000	0000	0000	0000	0000	0000	0000	0000	0000	0000
D00100	0000	0000	0000	0000	0000	0000	0000	0000	0000	0000
D00110	0000	0000	0000	0000	0000	0000	0000	0000	0000	0000
D00120	0000	0000	0000	0000	0000	0000	0000	0000	0000	0000
D00130	0000	0000	0000	0000	0000	0000	0000	0000	0000	0000
D00140	0000	0000	0000	0000	0000	0000	0000	0000	0000	0000
D00150	0000	0000	0000	0000	0000	0000	0000	0000	0000	0000

图 5-10 DIST 指令的目的地址偏移传送功能执行 PLC 内存跟踪

（2）创建堆栈

如果 Of 值在 9000～9999 之间，指令将创建堆栈。Of 值的右 3 位 BCD 数为堆栈的长度。例如，DIST #FFFF DM0 #9005 指令的功能是创建 DM0 为堆栈的 5 个长度的堆栈，数据为#FFFF。

5.2.4 MOV 指令

1. 格式

MOV 指令的格式如图 5-11 所示。

MOV	
S	源单元
D	目的单元

图 5-11 MOV 指令的格式

2. 功能

MOV 指令将源单元数据传送到目的单元。

5.2.5 MOVB 指令

1. 格式

MOVB 指令的格式如图 5-12 所示。

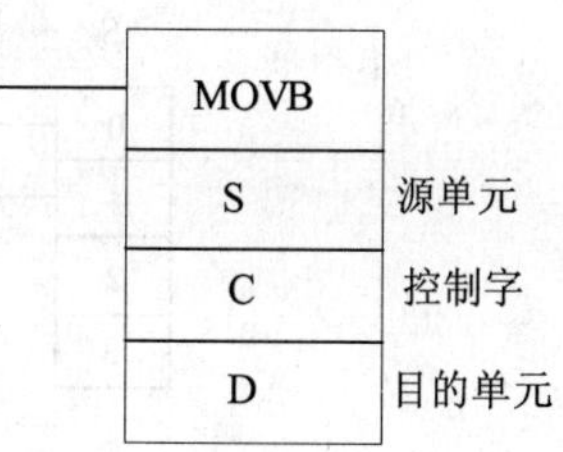

图 5-12 MOVB 指令格式

2. 功能

MOVB 指令实现 1 位二进制数的传送，源单元传送位与目的单元的接收位由控制字 C 控制，控制字的低 2 位 BCD 数为源单元传送位，控制字的高 2 位 BCD 数为目的单元接收位。例如，MOVB 20 #1201 21 指令执行过程如图 5-13 所示，将 20 单元的第 01 位传送到 21 单元的第 12 位。

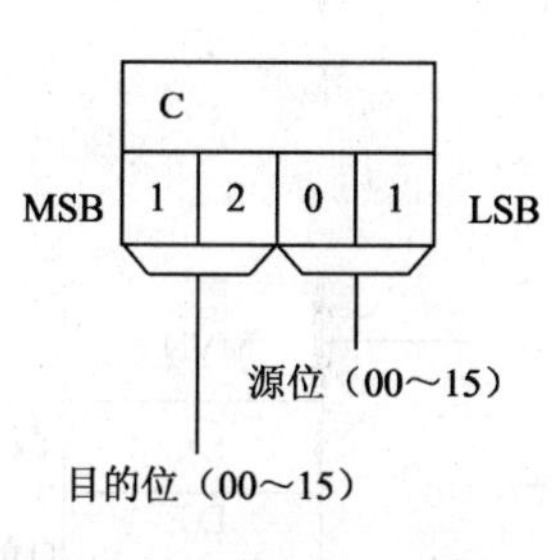

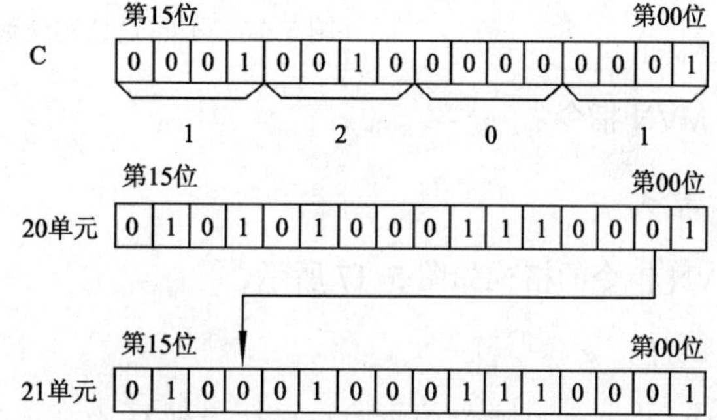

图 5-13 MOVB 指令的执行

5.2.6 MOVD 指令

1. 格式

MOVD 指令的格式如图 5-14 所示。

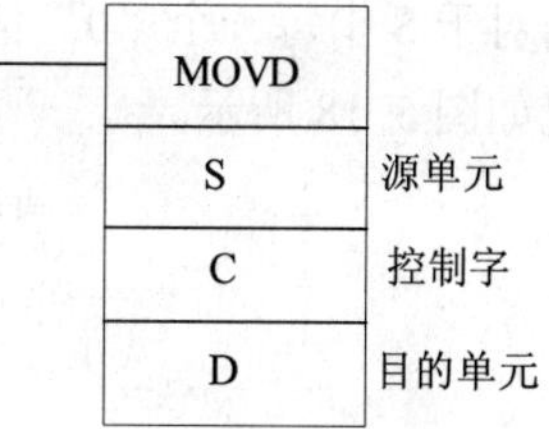

图 5-14 MOVD 指令的格式

2. 功能

MOVD 指令的功能是将源单元的 BCD 数据传送到目的单元，传送的位数和起始位由控制字决定。

控制字 C 的功能如图 5-15 所示，图 5-16 所示为 C 的值分别是 0010、0030、0031、0023 实现的数据传送。

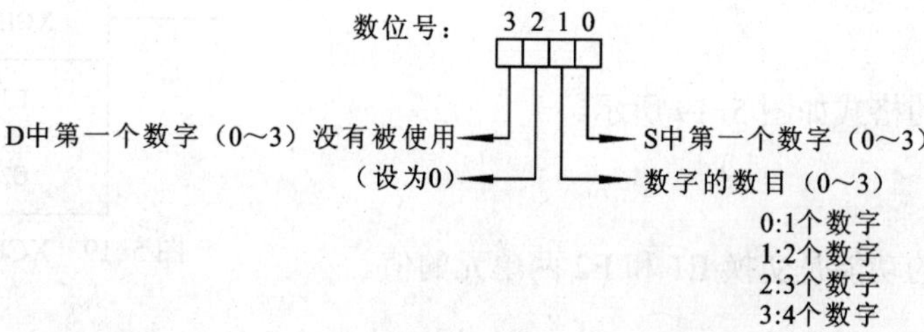

图 5-15 MOVD 指令控制字 C 的功能

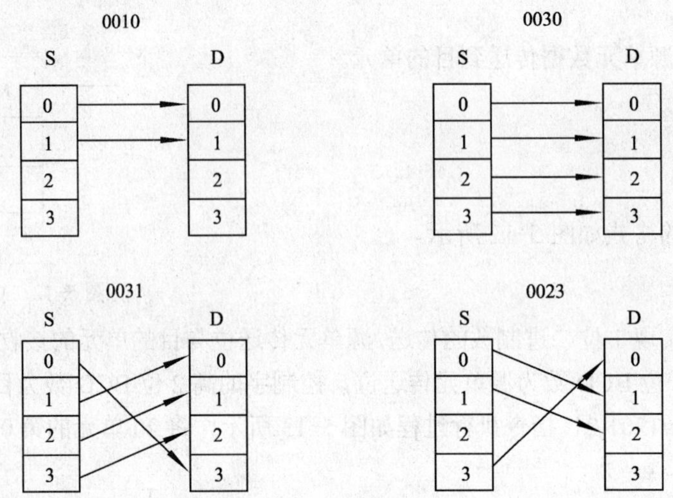

图 5-16　不同 C 值实现数字传送

5.2.7　MVN 指令

1. 格式

MVN 指令的格式如图 5-17 所示。

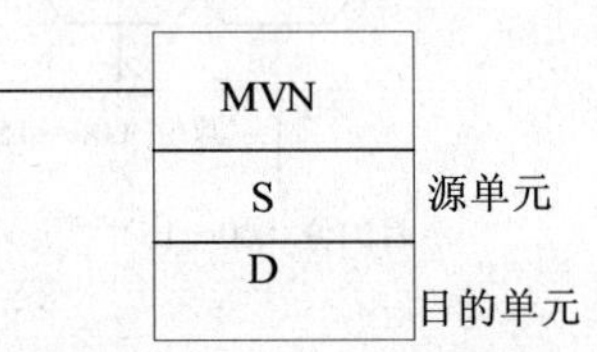

图 5-17　MVN 指令的格式

2. 功能

MVN 指令把 S 中的内容取反后传送到 D 中，也就是说，对于 S 中每一个“1”位，D 中的对应位置为“0”，而对于 S 中每一个“0”位，D 中的对应位置为“1”。例如，MVN #F8C5 DM10 指令执行情况如图 5-18 所示。

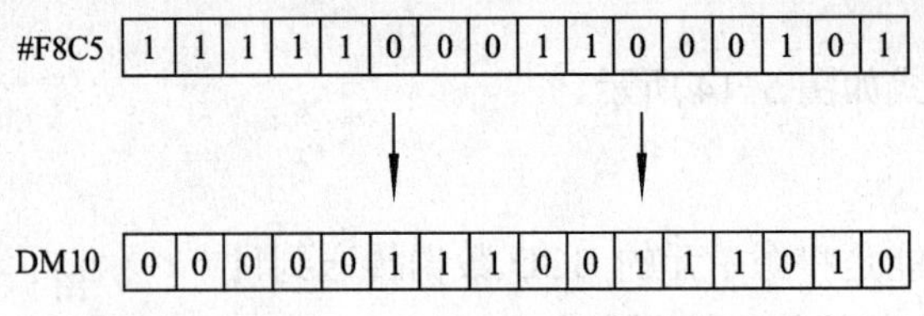

图 5-18　MVN #F8C5 DM10 指令的执行

5.2.8　XCHG 指令

1. 格式

XCHG 指令的格式如图 5-19 所示。

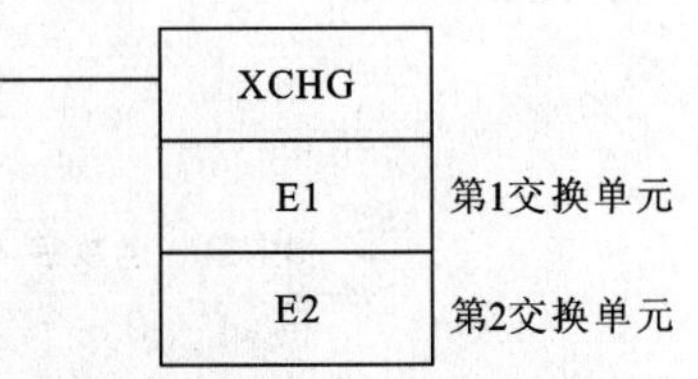

图 5-19　XCHG 指令的格式

2. 功能

XCHG 指令的功能是交换 E1 和 E2 两单元的值。

5.2.9 XFER 指令

1. 格式

XFER 指令的格式如图 5-20 所示。

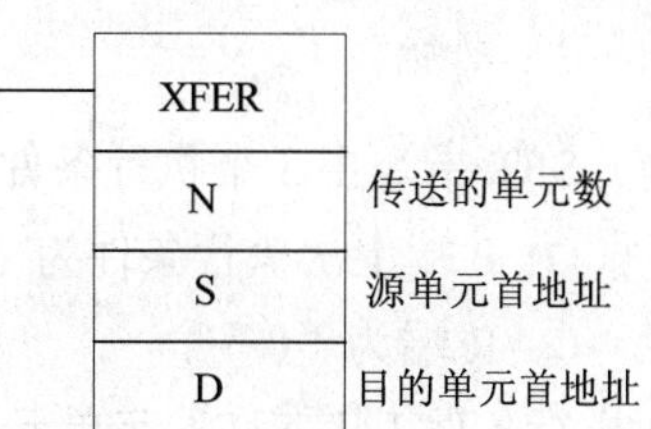

图 5-20 XFER 指令的格式

2. 功能

如图 5-21 所示，XFER 指令把 S、S+1、…、S+N 中的内容复制到 D、D+1、…、D+N 中。该指令要求 S、S+1、…、S+N 必须在同一数据区域，D、D+1、…、D+N 必须在同一数据区域。

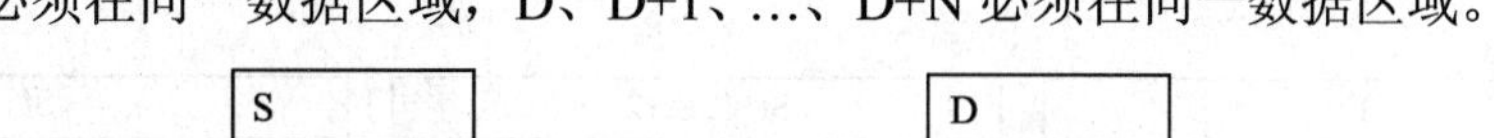

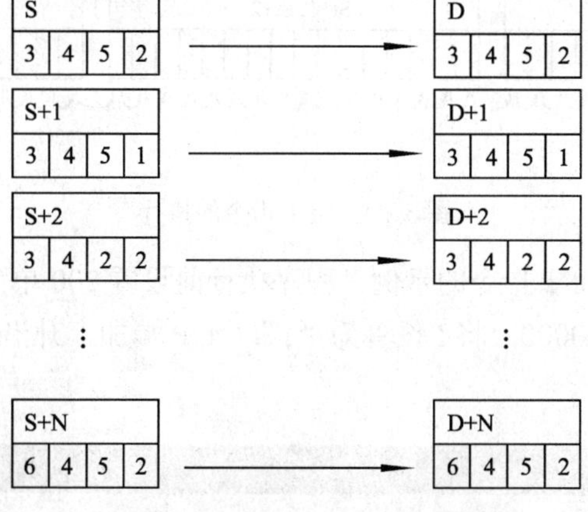

图 5-21 XFER 指令的功能

5.3 数据移位指令

数据移位指令的功能是实现单元内数据位置变动，移位的方式有二进制位移位、BCD 码移位。

5.3.1 SFT 指令

1. 格式

SFT 指令的格式如图 5-22 所示。

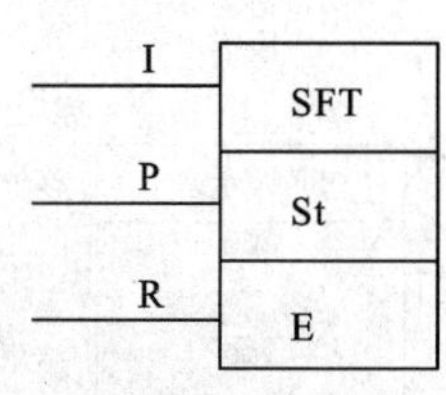

操作数数据区域

St：起始字

IR，SR，AR，HR，LR

E：结束字

IR，SR，AR，HR，LR

图 5-22 SFT 指令的格式

2. 功能

SFT 指令由 3 个执行条件 I、P 和 R 控制。如果 SFT 指令执行，且满足：

① P 端上次执行条件为“0”，当前执行条件为“1”；

② R 端为“0”；

则执行条件 I 状态移入字单元 St 和 E 之间定义的移位寄存器的最低位。即如果 I 为“1”，一个“1”移入寄存器；如果 I 为“0”，一个“0”移入寄存器。当 I 状态被移入寄存器，以前在寄存器中所有位向左移一位，寄存器最左位（最高位）数据溢出丢失。SFT 指令的执行如图 5-23 所示。

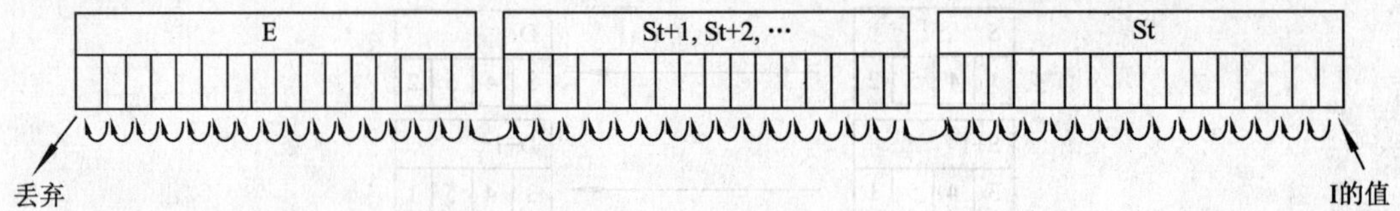

图 5-23　SFT 指令的执行

图 5-24 所示为一个 SFT 指令的示例，程序执行前设置 200 单元（通道）的值为#00F0，即二进制的 0000000011110000，将 I 设置为“1”，在 P 端加上升沿信号后，该指令执行的内存跟踪如图 5-24（c）所示。

CIO

首地址: 203　开　Off　设置值

改变顺序　强制置On　强制置Off　强制取消

	15	14	13	12	11	10	9	8	7	6	5	4	3	2	1	0	Hex
CIO0199	0	0	0	0	0	0	0	0	0	0	0	0	0	0	0	0	0000
CIO0200	0	0	0	0	0	0	0	0	1	1	1	1	0	0	0	0	00F0
CIO0201	0	0	0	0	0	0	0	0	0	0	0	0	0	0	0	0	0000
CIO0202	0	0	0	0	0	0	0	0	0	0	0	0	0	0	0	0	0000
CIO0203	0	0	0	0	0	0	0	0	0	0	0	0	0	0	0	0	0000
CIO0204	0	0	0	0	0	0	0	0	0	0	0	0	0	0	0	0	0000
CIO0205	0	0	0	0	0	0	0	0	0	0	0	0	0	0	0	0	0000
CIO0206	0	0	0	0	0	0	0	0	0	0	0	0	0	0	0	0	0000
CIO0207	0	0	0	0	0	0	0	0	0	0	0	0	0	0	0	0	0000
CIO0208	0	0	0	0	0	0	0	0	0	0	0	0	0	0	0	0	0000
CIO0209	0	0	0	0	0	0	0	0	0	0	0	0	0	0	0	0	0000
CIO0210	0	0	0	0	0	0	0	0	0	0	0	0	0	0	0	0	0000
CIO0211	0	0	0	0	0	0	0	0	0	0	0	0	0	0	0	0	0000
CIO0212	0	0	0	0	0	0	0	0	0	0	0	0	0	0	0	0	0000
CIO0213	0	0	0	0	0	0	0	0	0	0	0	0	0	0	0	0	0000
CIO0214	0	0	0	0	0	0	0	0	0	0	0	0	0	0	0	0	0000

（a）200 单元在 SFT 指令执行前内存跟踪

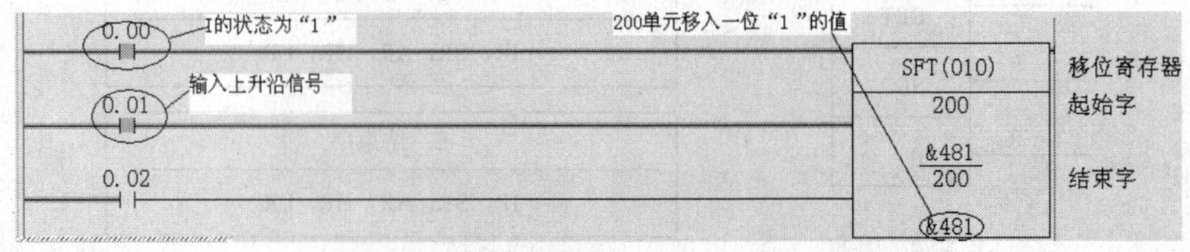

（b）SFT 指令的执行

图 5-24　SFT 指令的示例

	15	14	13	12	11	10	9	8	7	6	5	4	3	2	1	0	Hex
CIO0199	0	0	0	0	0	0	0	0	0	0	0	0	0	0	0	0	0000
CIO0200	0	0	0	0	0	0	0	1	1	1	1	0	0	0	0	1	01E1
CIO0201	0	0	0	0	0	0	0	0	0	0	0	0	0	0	0	0	0000
CIO0202	0	0	0	0	0	0	0	0	0	0	0	0	0	0	0	0	0000
CIO0203	0	0	0	0	0	0	0	0	0	0	0	0	0	0	0	0	0000
CIO0204	0	0	0	0	0	0	0	0	0	0	0	0	0	0	0	0	0000
CIO0205	0	0	0	0	0	0	0	0	0	0	0	0	0	0	0	0	0000
CIO0206	0	0	0	0	0	0	0	0	0	0	0	0	0	0	0	0	0000
CIO0207	0	0	0	0	0	0	0	0	0	0	0	0	0	0	0	0	0000
CIO0208	0	0	0	0	0	0	0	0	0	0	0	0	0	0	0	0	0000
CIO0209	0	0	0	0	0	0	0	0	0	0	0	0	0	0	0	0	0000
CIO0210	0	0	0	0	0	0	0	0	0	0	0	0	0	0	0	0	0000
CIO0211	0	0	0	0	0	0	0	0	0	0	0	0	0	0	0	0	0000
CIO0212	0	0	0	0	0	0	0	0	0	0	0	0	0	0	0	0	0000
CIO0213	0	0	0	0	0	0	0	0	0	0	0	0	0	0	0	0	0000
CIO0214	0	0	0	0	0	0	0	0	0	0	0	0	0	0	0	0	0000

（c）SFT 指令执行后 200 单元的内存跟踪

图 5-24　SFT 指令的示例（续）

5.3.2　WFST 指令

1. 格式

WFST 指令的格式如图 5-25 所示。

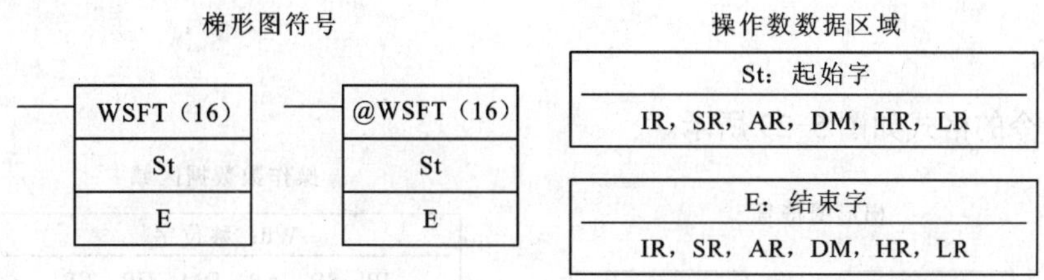

图 5-25　WFST 指令的格式

2. 功能

当执行条件为“1”时，WSFT 在以单元为单位的 St 和 E 之间移位数据。“0”被写入 St 且 E 中内容将丢失，如图 5-26 所示。

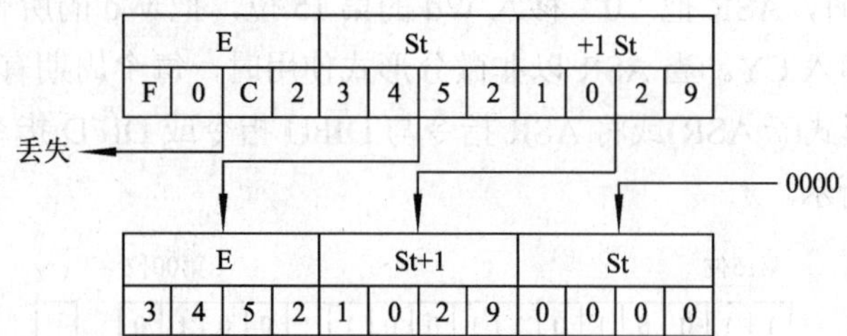

图 5-26　WFST 指令的功能

5.3.3　ASL 指令

1. 格式

ASL 指令的格式如图 5-27 所示。

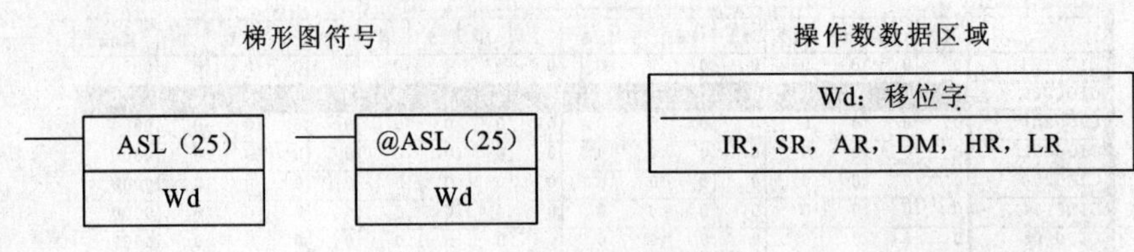

图 5-27　ASL 指令的格式

2. 功能

执行条件为“1”时，ASL 指令把“0”移入 Wd 的第 00 位，把 Wd 的所有位向左移一位，并且把第 15 位的状态移入 CY。当 ASL 以非微分形式使用时，每个周期有一个“0”被移入第 00 位。使用其微分形式（@ASL）或将 ASL 指令与 DIFU 指令或 DIFD 指令结合使用时，仅移位一次。如图 5-28 所示。

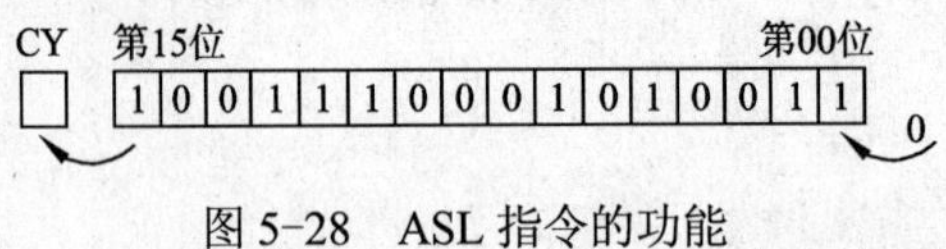

图 5-28　ASL 指令的功能

5.3.4　ASR 指令

1. 格式

ASR 指令的格式如图 5-29 所示。

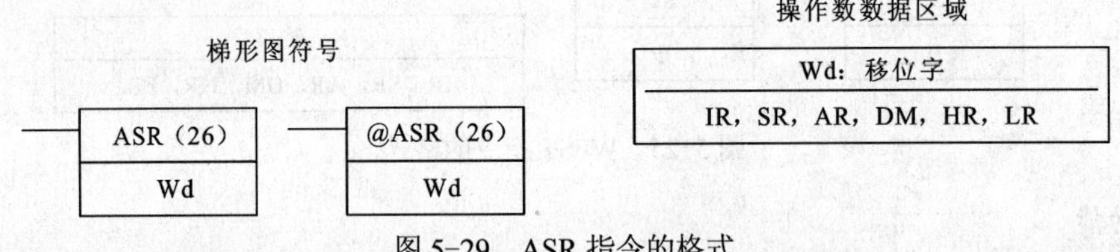

图 5-29　ASR 指令的格式

2. 功能

执行条件置 ON 时，ASR 把“0”移入 Wd 的第 15 位，把 Wd 的所有位向右移一位，并且把第 00 位的状态移入 CY。当 ASR 以非微分形式使用时，每个周期有一个“0”将被移入第 15 位。使用微分形式(@ASR)或将 ASR 指令与 DIFU 指令或 DIFD 指令结合使用时，仅移位一次，如图 5-30 所示。

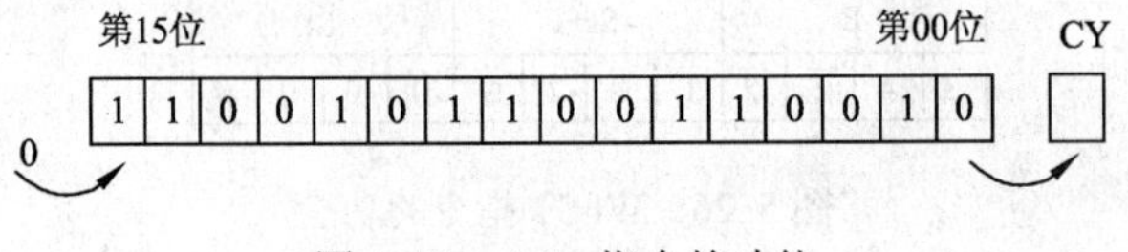

图 5-30　ASR 指令的功能

5.3.5　ROL 指令

1. 格式

ROL 指令的格式如图 5-31 所示。

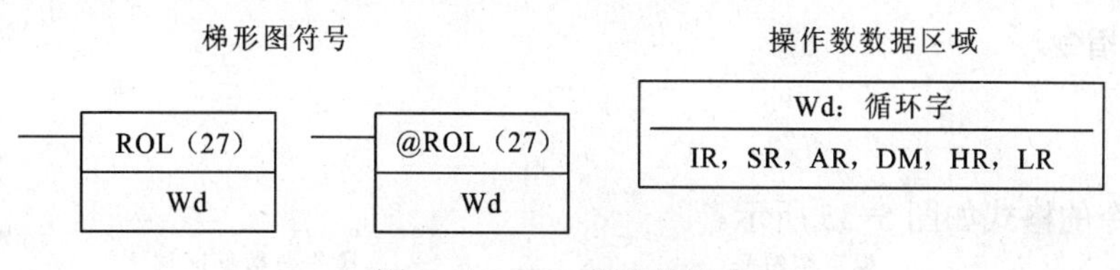

图 5-31　ROL 指令的格式

2. 功能

当执行条件为“1”时，ROL 指令把 Wd 的所有位向左移一位，把 CY 移入第 00 位，并且把 Wd 的第 15 位移入 CY。在进行循环移位之前，使用 STC 指令来设置 CY 状态或 CLC 指令来清除 CY 的状态，确保在执行 ROL 指令之前 CY 包含正确的状态。如果 ROL 指令以非微分形式使用时，每个周期 CY 将移入第 00 位。使用微分形式(@ROL)或将 ROL 指令与 DIFU 指令或 DIFD 指令结合使用时，仅移位一次，如图 5-32 所示。

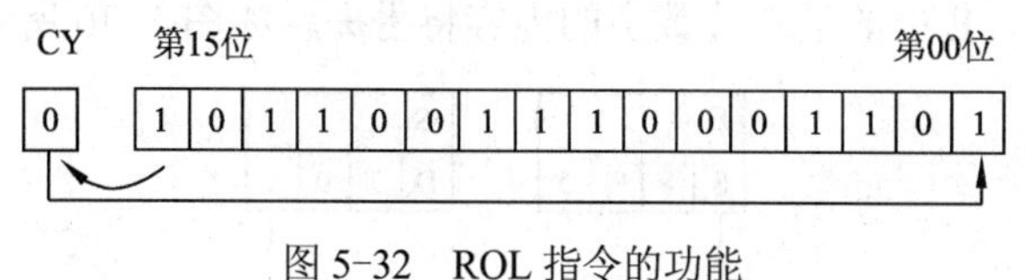

图 5-32　ROL 指令的功能

5.3.6 ROR 指令

1. 格式

ROR 指令的格式如图 5-33 所示。

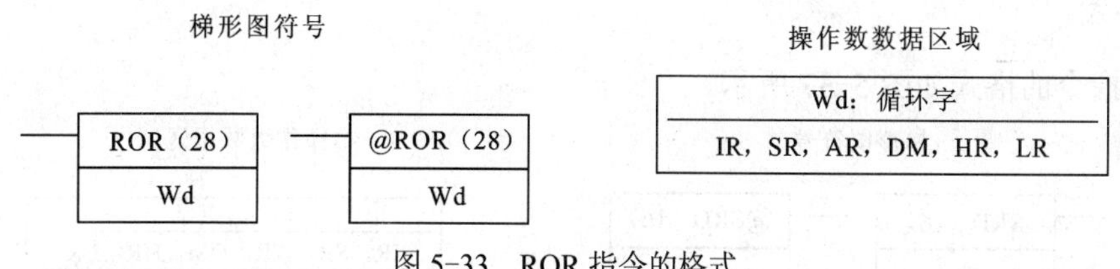

图 5-33　ROR 指令的格式

2. 功能

执行条件为“1”时，ROR 指令把 Wd 的所有位向右移一位，把 CY 移入 Wd 的第 15 位，并且把 Wd 的第 00 位移入 CY。在进行循环移位之前使用 STC 指令来设置 CY 的状态或 CLC 指令来清除 CY 的状态，确保执行 ROR 指令之前 CY 包含正确的状态。如果 ROR 指令以非微分形式使用时，每个循环 CY 的状态将移入第 15 位。使用微分形式(@ROR)或将 ROR 指令与 DIFU 指令或 DIFD 指令结合使用时，仅移位一次，如图 5-34 所示。

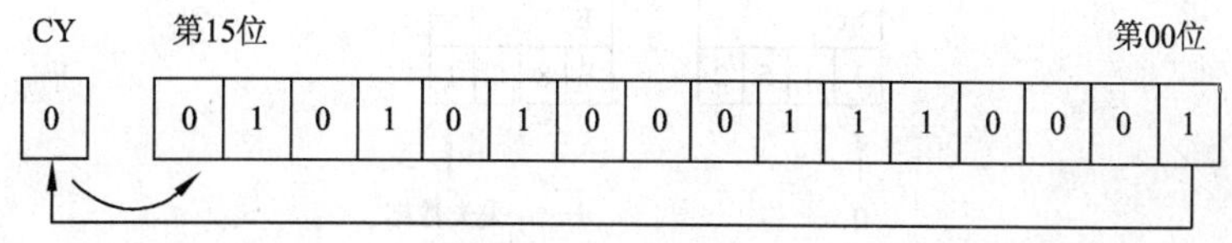

图 5-34　ROR 指令的功能

5.3.7 SLD 指令

1. 格式

SLD 指令的格式如图 5-35 所示。

梯形图符号

SLD（16）
St
E

@SLD（16）
St
E

操作数数据区域

St：起始字
IR，SR，AR，DM，HR，LR

E：结束字
IR，SR，AR，DM，HR，LR

图 5-35 SLD 指令的格式

2. 功能

执行条件为“1”时，SLD 指令在字单元 St 和 E 之间以 BCD 码数字左移。当“0”被写入 St 的最右边数字时，E 中的最左边数字的内容将丢失，如图 5-36 所示。

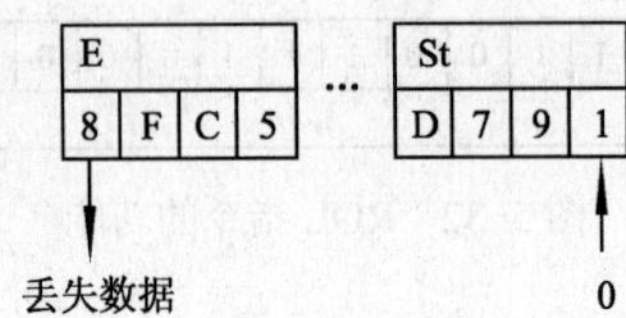

图 5-36 SLD 指令的功能

5.3.8 SRD 指令

1. 格式

SRD 指令的格式如图 5-37 所示。

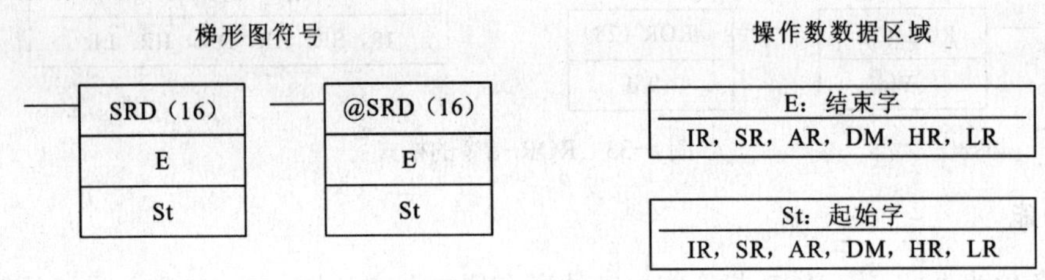

图 5-37 SRD 指令的格式

2. 功能

执行条件为“1”时，SRD 指令在字单元 St 和 E 之间以 BCD 码数字右移。当“0”被写入 St 的最左边数字时，E 中的最右边数字的内容将丢失，如图 5-38 所示。

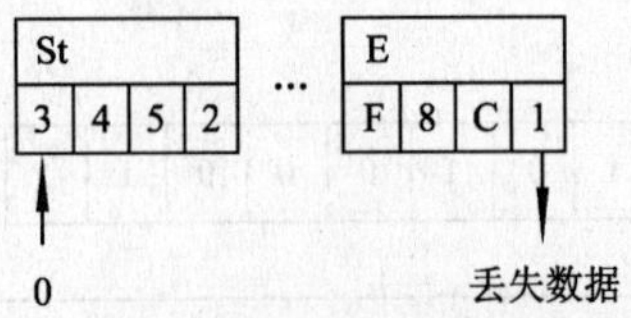

图 5-38 SRD 指令的功能

5.3.9　SFTR 指令

1. 格式

SFTR 指令的格式如图 5-39 所示。

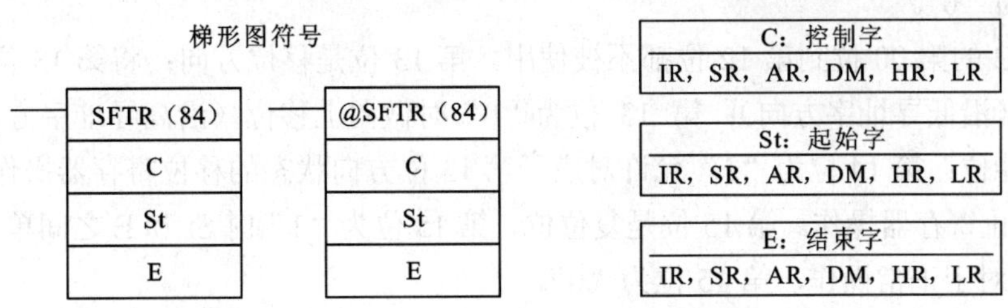

图 5-39　SFTR 指令的格式

2. 功能

SFTR 指令将移位单元的数据按控制字 C 的第 12 位指示的方向移动 1 位，移出位到 CY，控制字 C 的第 13 位的值移位到寄存器的另一末端位；如果控制字 C 第 14 位为“0”，移位寄存器将保持不变；如果控制字 C 的第 15 位为“1”，执行该指令时整个移位单元的寄存器和 CY 设定为“0”。

控制字 C 的作用如图 5-40 所示。

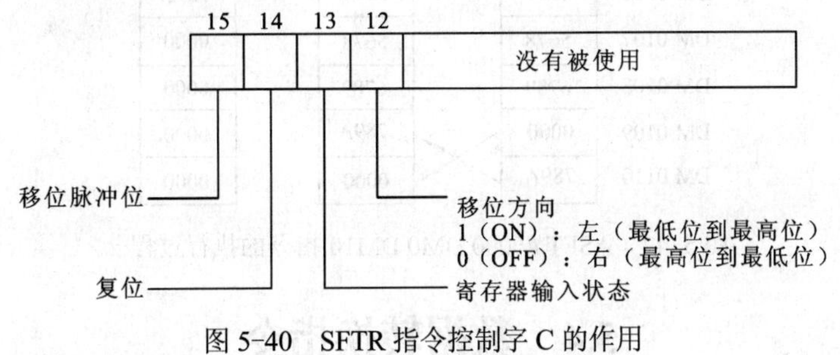

图 5-40　SFTR 指令控制字 C 的作用

5.3.10　ASFT 指令

1. 格式

ASFT 指令的格式如图 5-41 所示。

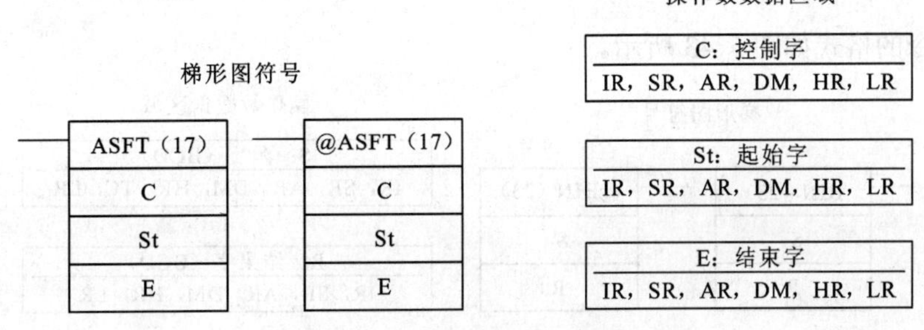

图 5-41　ASFT 指令的格式

2. 功能

当执行条件为“1”时，ASFT 指令用来控制 St 和 E 之间的可逆异步字移位操作。仅当移位单元的相邻一个字是“0”时执行。也就是说，如果单元没有字包含“0”，就不做任何移位，即单元中每个为“0”的字移动一个字。当一个字中的内容移到下一个字时，原始字的内容将被设定为“0”。

控制字 C 的第 00 位到第 12 位都不被使用。第 13 位是移位方向：将第 13 位为“1”时做向下移位（沿低寻址字方向）；第 13 位为“0”时做向上移位（沿高寻址字方向）。第 14 位是移位使能位：第 14 位为“1”允许对应于第 13 位方向状态的移位寄存器操作；第 14 位为“0”则禁止寄存器操作。第 15 位是复位位，第 15 位为“1”时 St 和 E 之间单元复位（设定为“0”）。对于正常操作，第 15 位为“0”。

图 5-42 所示为 ASFT #6000 DM0 DM10 指令的执行过程。

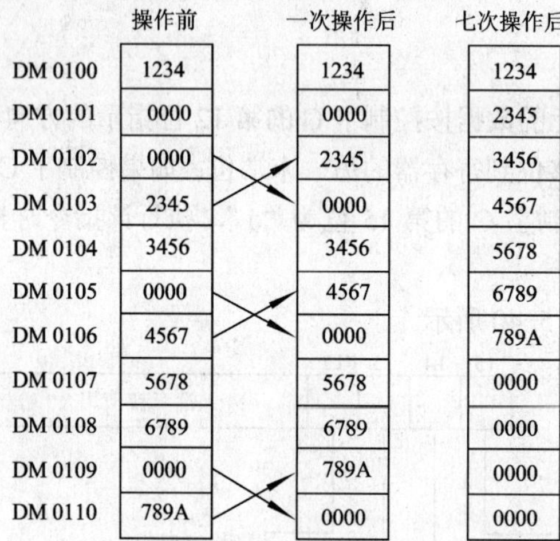

图 5-42　ASFT #6000 DM0 DM10 指令的执行过程

5.4　数据转换指令

数据转换指令用于实现不同格式数据转化。

5.4.1　BIN 指令

1. 格式

BIN 指令的格式如图 5-43 所示。

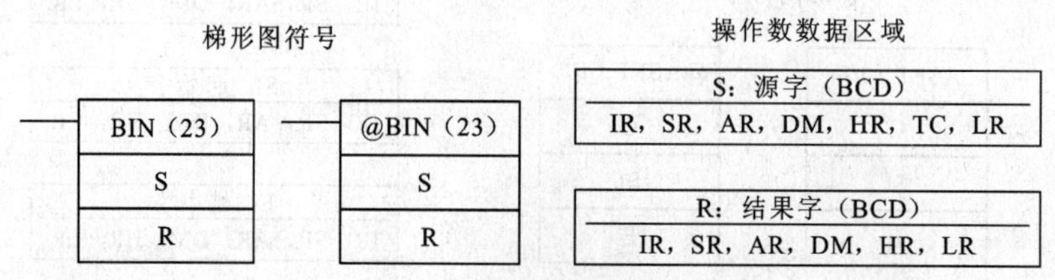

图 5-43　BIN 指令的格式

2. 功能

当执行条件为“1”时，BIN 指令把 S 中的 BCD 内容转换为数值对等的二进制数，并把该二进制数的结果输出到 R。因此，仅 R 的内容被改变，S 的内容保持不改变。

指令 BIN #0100 DM0 执行后，DM0 单元的值为十六进制的 0064，即二进制数 0000000001100100，对应于十进制数为 100。事实上，PLC 内存的所有数据都是以二进制形式存储，至于某单元数据具体的格式完全由程序定义。例如，DM0 单元值为十六进制的“0200”，若程序将该单元看做 BCD 格式，值为十进制的 200；若程序将该单元看做二进制格式，值为十进制的 256。

5.4.2 BCD 指令

1. 格式

BCD 指令的格式如图 5-44 所示。

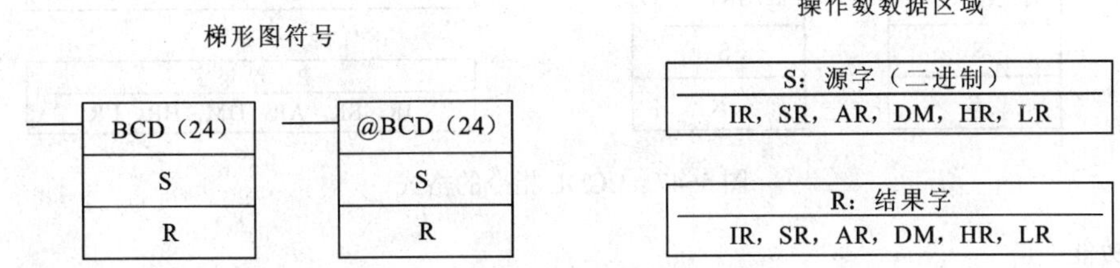

图 5-44 BCD 指令的格式

2. 功能

BCD 指令把 S 中的二进制数转换为数值对等的 BCD 数，并把 BCD 数结果输出到 R。因此，仅 R 的内容被改变，S 的内容保持不变。如果 S 的内容超过 270F，转换的结果将会超过 9999，指令将不执行。

5.4.3 BINL 指令

1. 格式

BINL 指令的格式如图 5-45 所示。

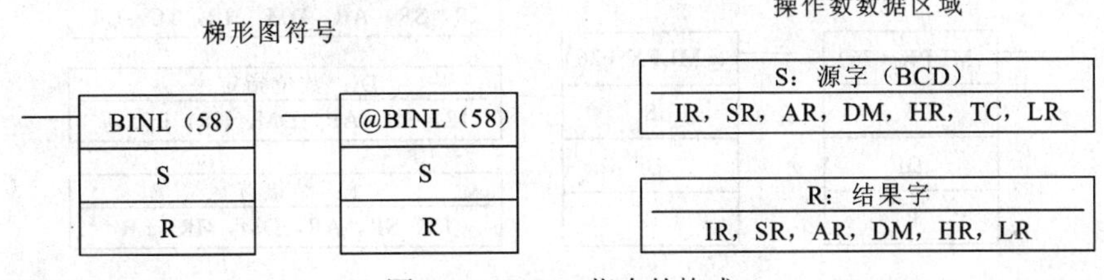

图 5-45 BINL 指令的格式

2. 功能

BINL 指令将 S 和 S+1 中的一个 8 位 BCD 数转换成 32 位二进制数据，并把结果输出到 R 和 R+1 中，如图 5-46 所示。

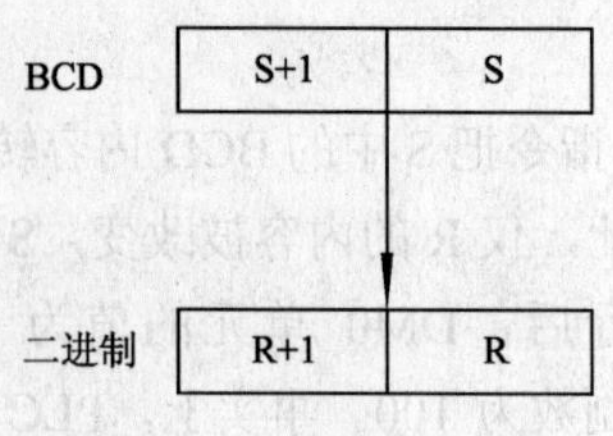

图 5-46　BINL 指令的功能

5.4.4　BCDL 指令

1. 格式

BCDL 指令的格式如图 5-47 所示。

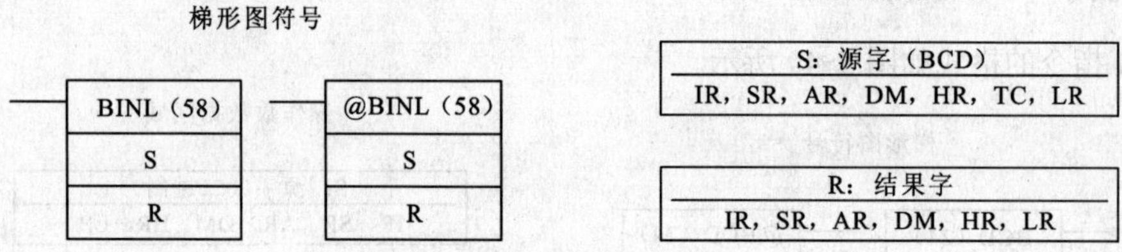

图 5-47　BCDL 指令的格式

2. 功能

BCDL 指令将 S 和 S+1 中的 32 位二进制数转换成一个 8 位 BCD 数，并把结果输出到 R 和 R+1 中，如图 5-48 所示。

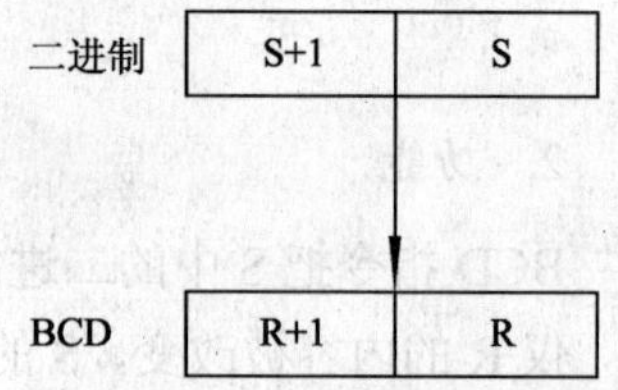

图 5-48　BCDL 指令的功能

5.4.5　MLPX 指令

1. 格式

MLPX 指令的格式如图 5-49 所示。

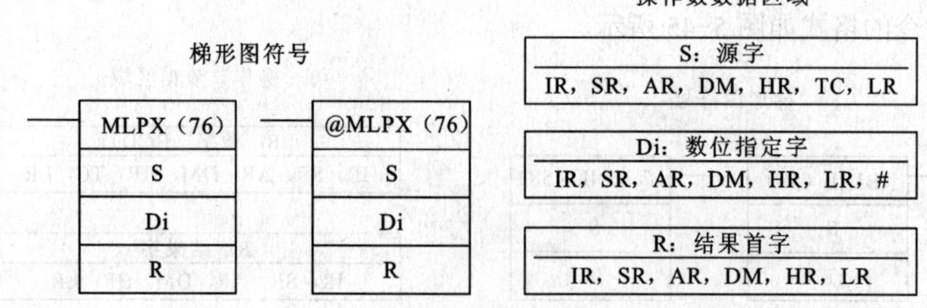

图 5-49　MLPX 指令的格式

2. 功能

当执行条件为“1”时，MLPX 指令把 S 中的 4 位十六进制数做 4-16 译码转换，结果存于 R 中，译码的起始位及位数由 Di 控制。例如：DM0 的值为#13C5，结果在 DM10 中，对 DM0 的第 1 位 4-16 译码过程如图 5-50 所示。

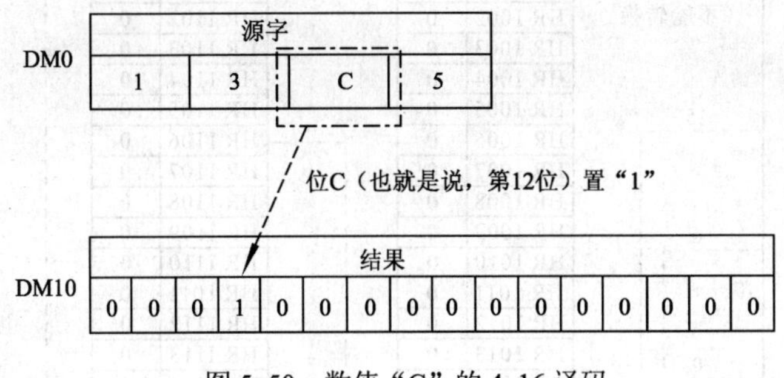

图 5-50　数值“C”的 4-16 译码

MLPX 指令中 Di 的功能如图 5-51 所示。

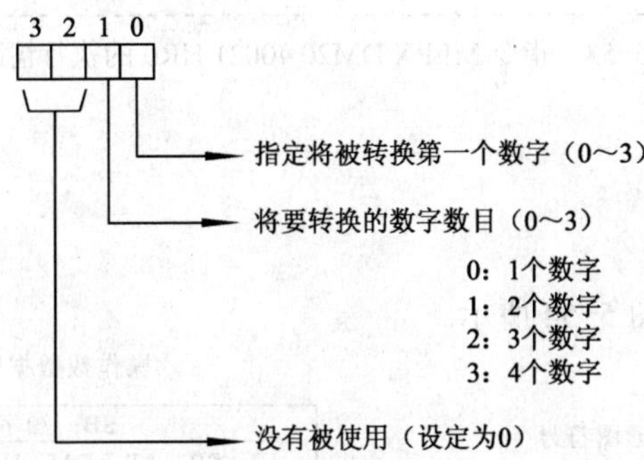

图 5-51　MLPX 指令中 Di 的功能

图 5-52 所示为 Di 不同值的译码转换示例。

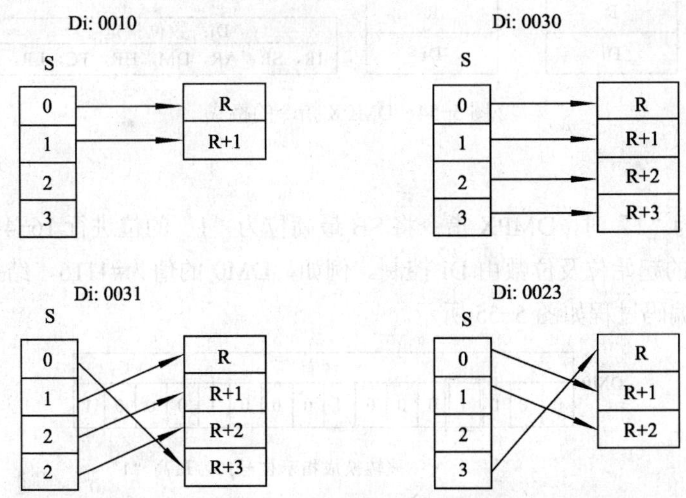

图 5-52　Di 不同值的译码转换示例

图 5-53 是指令 MLPX DM20 #0021 HR0 的执行情况，其中 DM20 单元的值为#0F60。

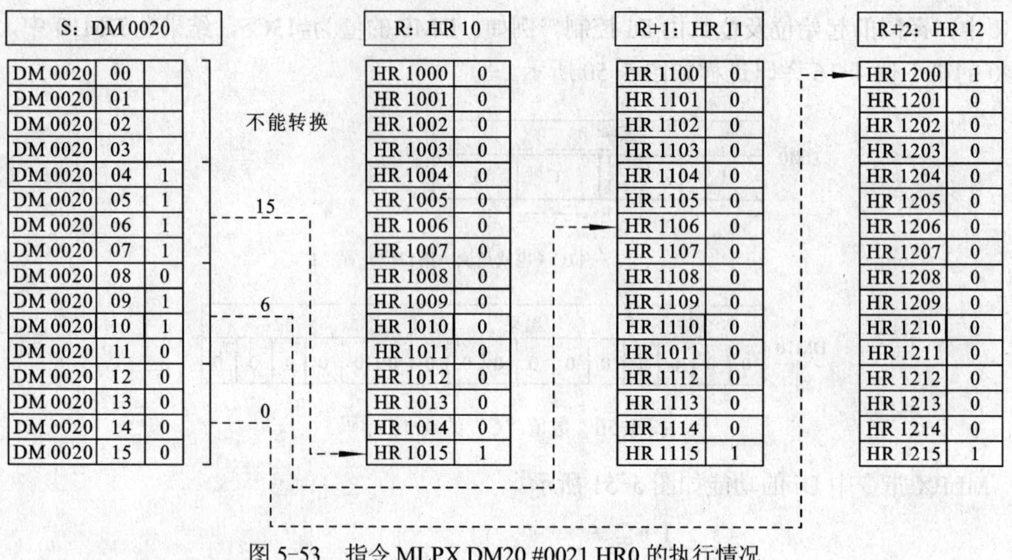

图 5-53　指令 MLPX DM20 #0021 HR0 的执行情况

5.4.6　DMPX 指令

1. 格式

DMPX 指令的格式如图 5-54 所示。

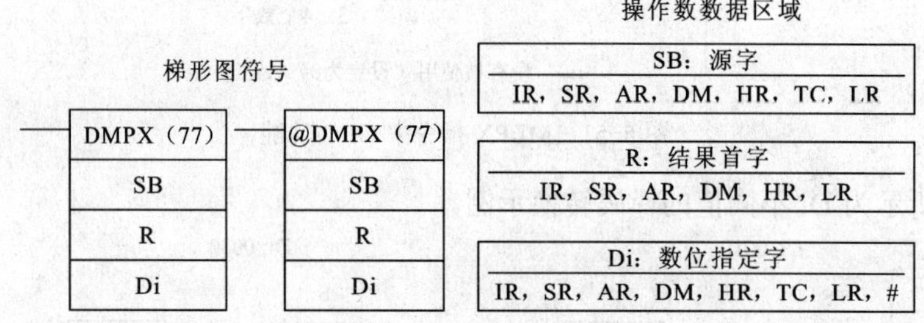

图 5-54　DMPX 指令的格式

2. 功能

当执行条件为“1”时，DMPX 指令将 SB 最高位为“1”的位进行 16-4 编码转换，结果存于 R 中，编码的起始位及位数由 Di 控制。例如，DM0 的值为#1116，结果在 DM10 中，对 DM0 做 16-4 编码过程如图 5-55 所示。

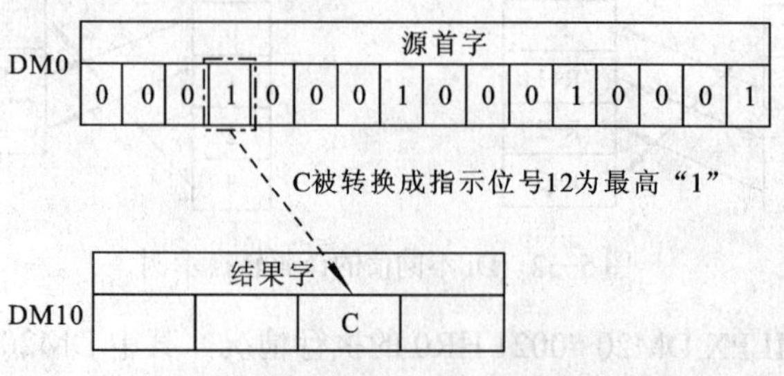

图 5-55　DMPX 指令的 16-4 编码

DMPX 指令中 Di 的作用如图 5-56 所示。

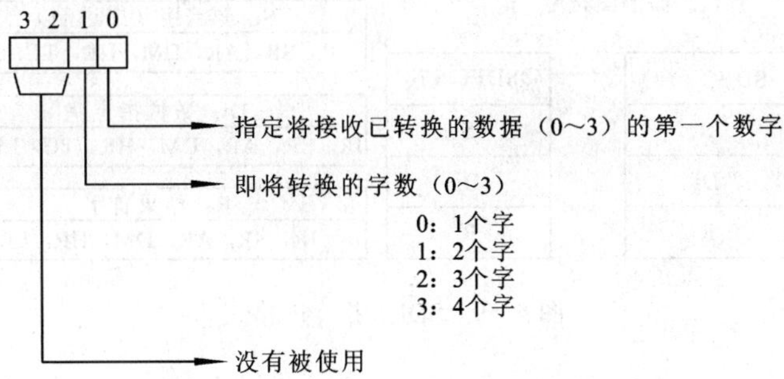

图 5-56 DMPX 指令中 Di 的作用

图 5-57 所示为不同 Di 编码转换示例。

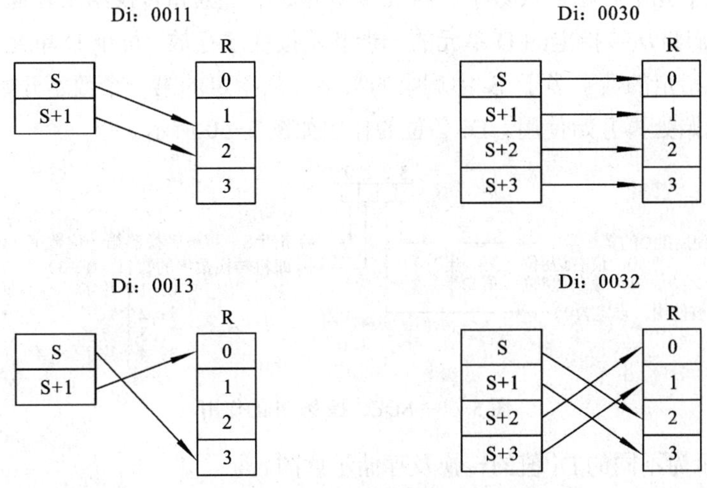

图 5-57 不同 Di 编码转换示例

图 5-58 所示为指令 DMPX 200 HR10 #0010 的执行情况。

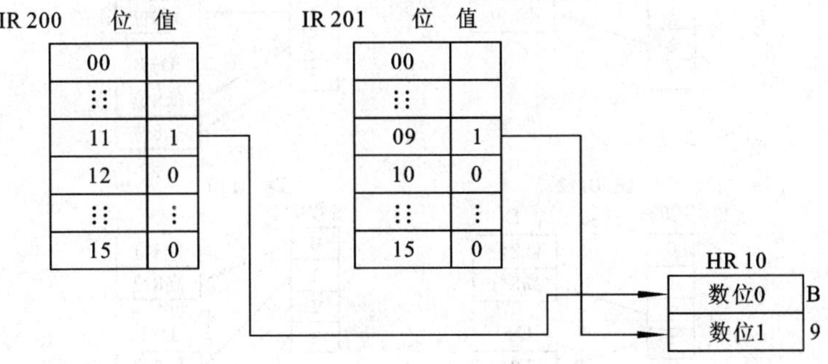

图 5-58 指令 DMPX 200 HR10 #0010 的执行情况

5.4.7 SDEC 指令

1. 格式

SDEC 指令的格式如图 5-59 所示。

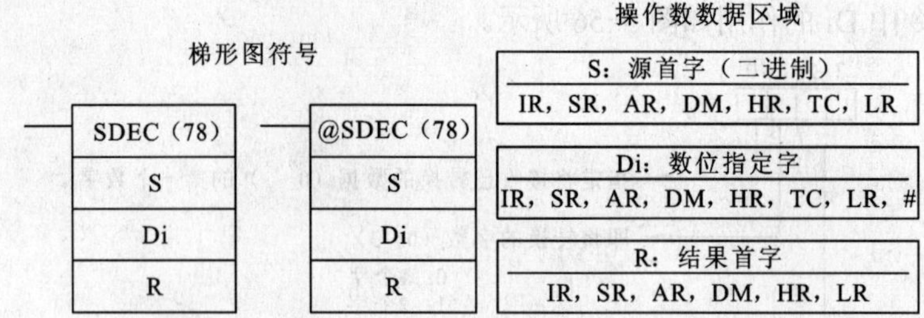

图 5-59 SDEC 指令的格式

2. 功能

SDEC把S单元中指定的数字转换成对应的8位7段显示码并存入D开始的目的单元中。在 Di 中定义 S 单元中起始转换数字、将要转换的数字个数和转换结果存储方式。如果多个数字被转换，它们将从被指定的D单元的一半开始按次序存放，每个D单元存储两个数字的转换结果。如果指定的数字多于 S 中剩余的数字（从指定的第一个数字开始计），后面的数字将回到S的起始处再开始使用。Di各位的作用如图5-60所示。

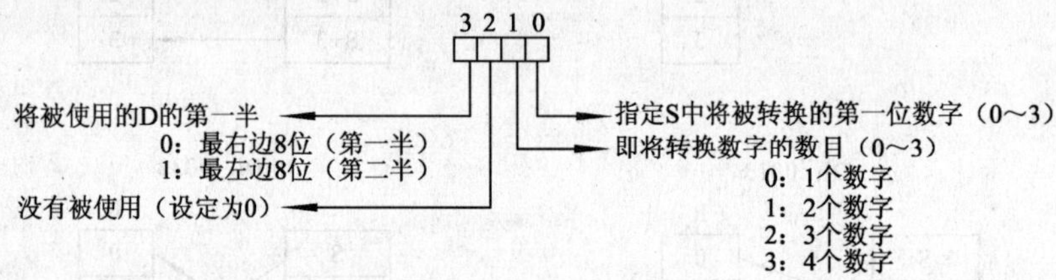

图 5-60 SDEC 指令 Di 的作用

图5-61所示为不同的Di值的转换及存储示意图。

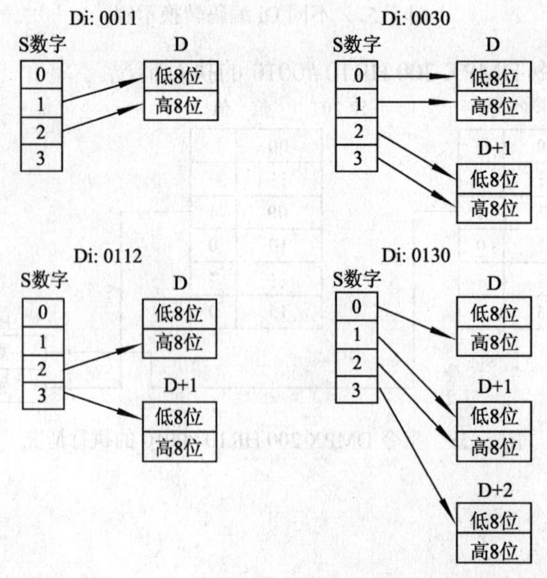

图 5-61 不同的Di值的转换及存储示意图

SDEC 指令实现的是共阴极的 7 段 LED 显示码译码。表 5-2 所示为译码数据转换对应关系。

表 5-2　7 段 LED 共阴段码表

数字	0	1	2	3	4	5	6	7	8	9	A	B	C	D	E	F
段码	3F	06	5B	4F	66	6D	7D	07	7F	6F	77	7C	39	5E	79	71
显示	0	1	2	3	4	5	6	7	8	9	A	b	C	d	E	F

指令 SDEC 200 #0002 DM0 的执行结果示意图如图 5-62 所示。

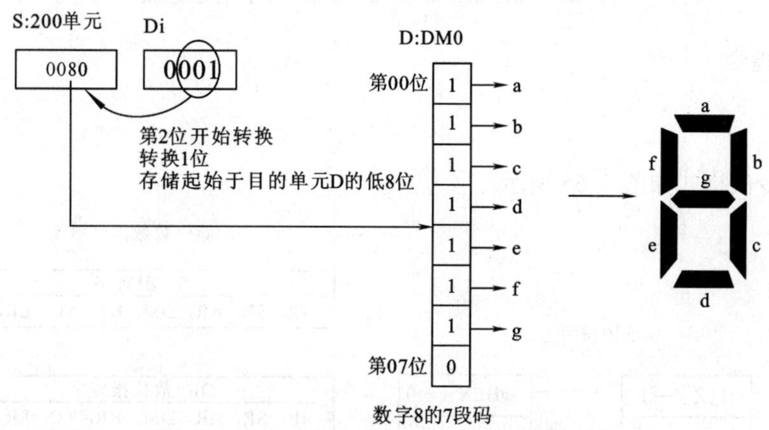

图 5-62　SDEC 200 #0002 DM0 的执行结果示意图

5.4.8　ASC 指令

1. 格式

ASC 指令的格式如图 5-63 所示。

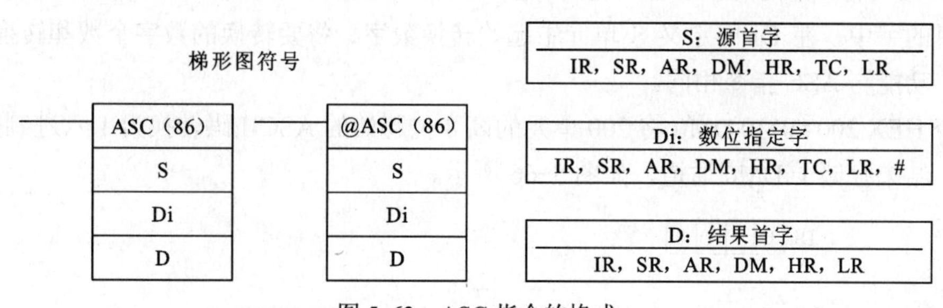

图 5-63　ASC 指令的格式

2. 功能

ASC 把 S 指定的数字转换成对应的 8 位 ASCII 码并把它放入从 D 起始的目的字中。在 Di 中定义 S 单元中起始转换数字、将要转换的数字个数和转换结果存储方式，功能与 SDEC 指令相同。

指令 ASC 200 #0000 DM0 将 200 单元的第 1 位数字转换为 ASCII 存储于 DM0 通道的低 8 位，如图 5-64 所示。

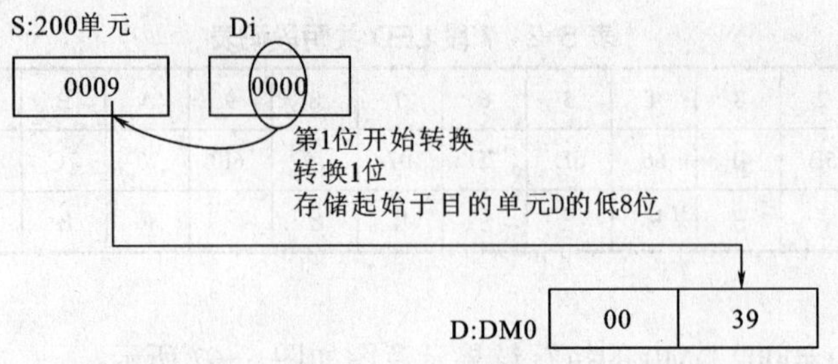

图 5-64　ASC 200 #0000 DM0 指令的执行示意图

5.4.9　HEX 指令

1. 格式

HEX 指令的格式如图 5-65 所示。

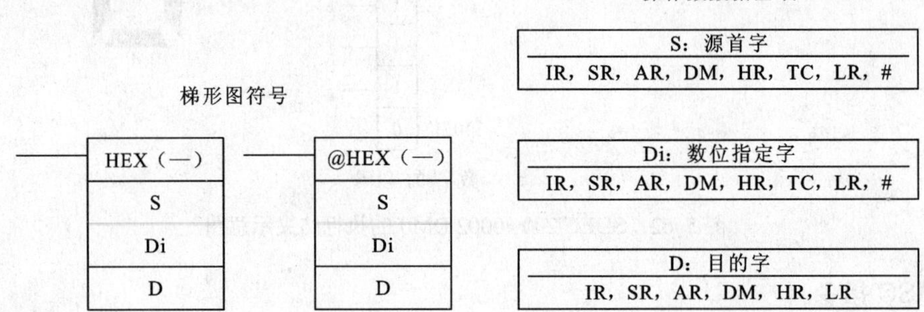

图 5-65　HEX 指令的格式

2. 功能

HEX 指令将 S 单元为首地址指定的 8 位 ASCII 码转换成对应十六进制数并把它放入从 D 起始的目的字中。在 Di 中定义 S 单元中起始转换数字、将要转换的数字个数和转换结果存储方式，功能与 ASC 指令相同。

指令 HEX 200 #0110 DM0 将 200 单元的高 8 位起始的 ASCII 码转换为十六进制数据，转换 2 位，结果存储于 DM0 通道，如图 5-66 所示。

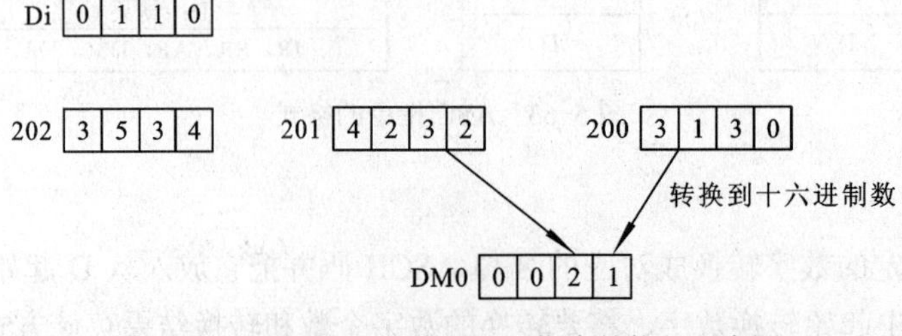

图 5-66　ASC 200 #0000 DM0 指令的执行示意图

5.5　BCD 码计算指令

BCD 码计算指令将参与运算的数据格式视为 BCD 码。例如，BCD 码加法#1236+#2300 的值为#3536。

5.5.1　STC 指令

1. 格式

STC 指令的格式如图 5-67 所示。

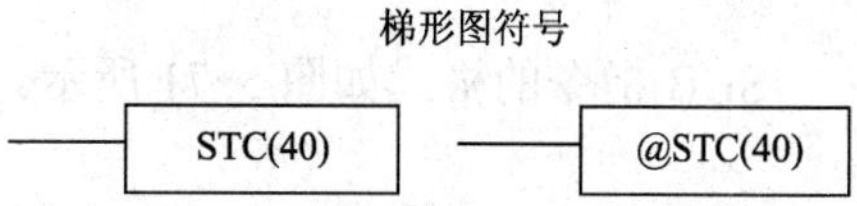

梯形图符号

STC(40)　@STC(40)

图 5-67　STC 指令的格式

2. 功能

STC 指令将 CY 位设置为“1”，CY 位是 PLC 中一个特殊位，其功能是记录运算过程中的进位、借位及移位等状态。

5.5.2　CLC 指令

1. 格式

CLC 指令的格式如图 5-68 所示。

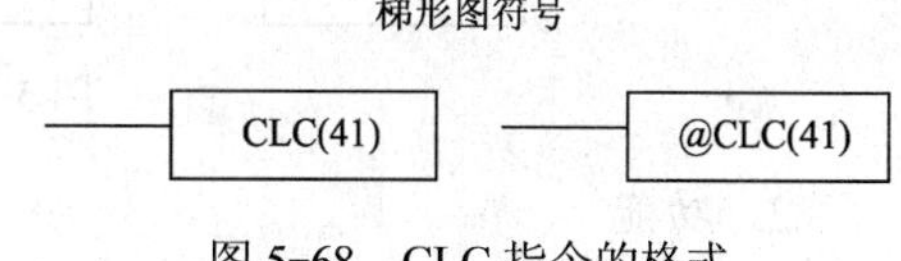

图 5-68　CLC 指令的格式

2. 功能

CLC 指令将 CY 位设置为“0”。

5.5.3　ADD 指令

1. 格式

ADD 指令的格式如图 5-69 所示。

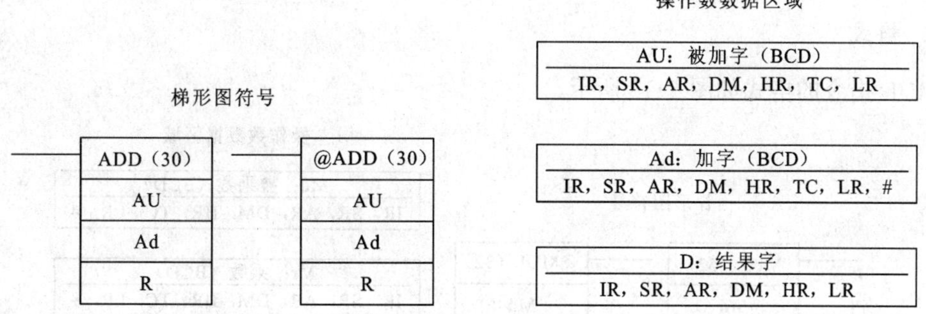

图 5-69　ADD 指令的格式

2. 功能

ADD 指令把 Au、Ad 和 CY 的内容相加，并把结果输出到 R。如果结果大于 9999，CY 将被置“1”，如图 5-70 所示。

Au
+
Ad
+
CY
CY
R

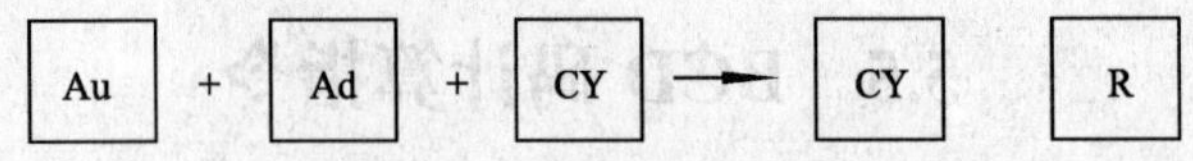

图 5-70　ADD 指令的功能

5.5.4　SUB 指令

1. 格式

SUB 指令的格式如图 5-71 所示。

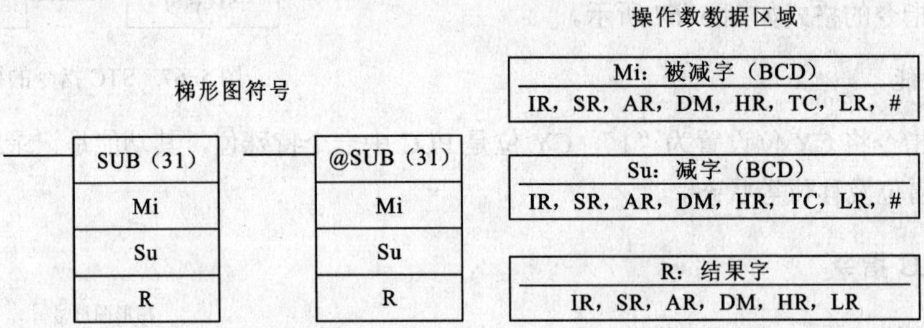

梯形图符号
SUB（31）
Mi
Su
R
@SUB（31）
Mi
Su
R
操作数数据区域
Mi：被减字（BCD）
IR，SR，AR，DM，HR，TC，LR，#
Su：减字（BCD）
IR，SR，AR，DM，HR，TC，LR，#
R：结果字
IR，SR，AR，DM，HR，LR

图 5-71　SUB 指令的格式

2. 功能

SUB 指令把 Su 和 CY 的内容从 Mi 中减去并把结果输出到 R。如果结果为负数，CY 被置“1”，且将实际结果的十进制补码存入 R 中，如图 5-72 所示。

Mi
-
Su
-
CY
CY
R

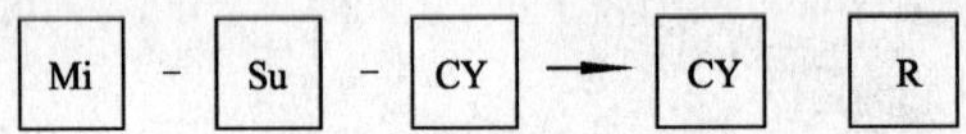

图 5-72　ADD 指令的功能

5.5.5　MUL 指令

1. 格式

MUL 指令的格式如图 5-73 所示。

梯形图符号
MUL（32）
Md
Mr
R
@MUL（32）
Md
Mr
R
操作数数据区域
Md：被乘数（BCD）
IR，SR，AR，DM，HR，TC，LR，#
Mr：乘数（BCD）
IR，SR，AR，DM，HR，TC，LR，#
R：结果字
IR，SR，AR，DM，HR，LR

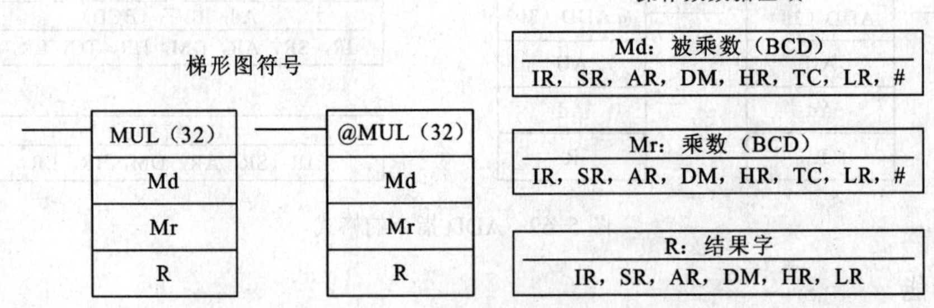

图 5-73　MUL 指令的格式

2. 功能

MUL 指令把 Md 中内容与 Mr 中内容相乘并把结果输出到 R 和 R+1，如图 5-74 所示。

指令 MUL 13 DM5 HR7 的执行示意图如图 5-75 所示。

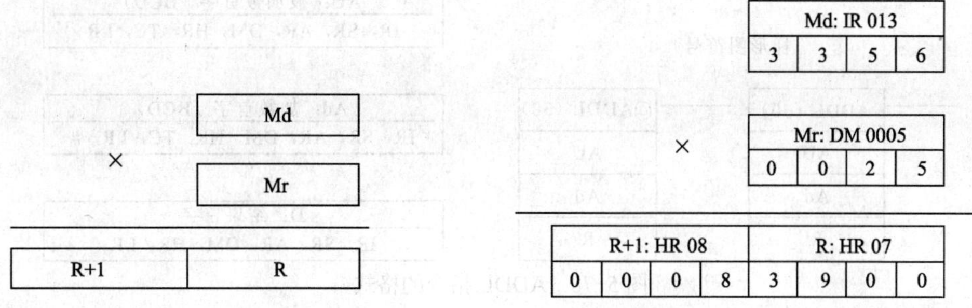

图 5-74　MUL 指令的功能　　图 5-75　指令 MUL 13 DM5 HR7 的执行示意图

5.5.6　DIV 指令

1. 格式

DIV 指令的格式如图 5-76 所示。

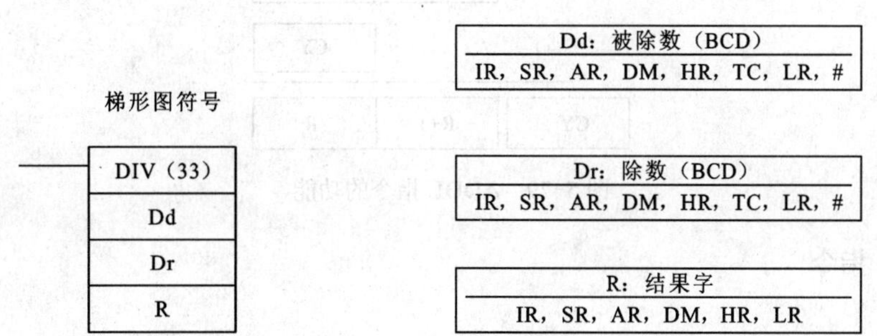

图 5-76　DIV 指令的格式

2. 功能

DIV 指令功能是：Dd 被 Dr 除，结果放在 R 和 R+1 中，商在 R 中，余数在 R+1 中，如图 5-77 所示。

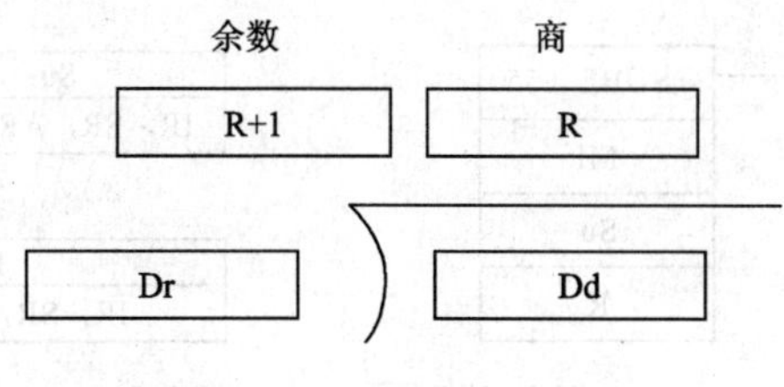

图 5-77　DIV 指令功能

5.5.7　ADDL 指令

1. 格式

ADDL 指令的格式如图 5-78 所示。

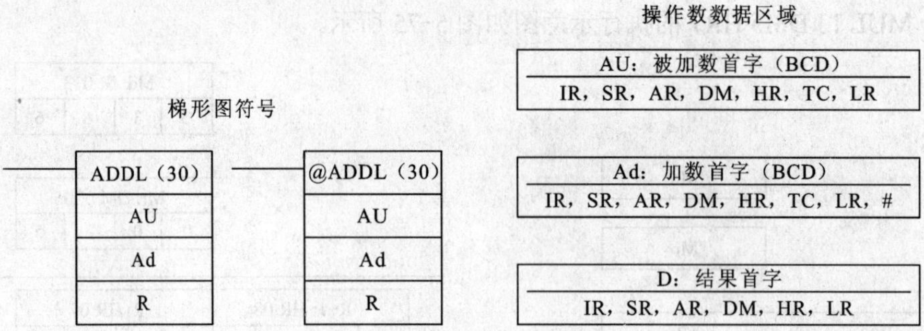

梯形图符号
ADDL（30）
AU
Ad
R
@ADDL（30）
AU
Ad
R
操作数数据区域
AU：被加数首字（BCD）
IR，SR，AR，DM，HR，TC，LR
Ad：加数首字（BCD）
IR，SR，AR，DM，HR，TC，LR，#
D：结果首字
IR，SR，AR，DM，HR，LR

图 5-78　ADDL 指令的格式

2. 功能

ADDL 指令把 CY 的内容与 Au 和 Au+1 中的 8 位数值以及 Ad 和 Ad+1 的 8 位数值相加并把结果输出到 R 和 R+1。如果结果大于 99999999，CY 将被置位，如图 5-79 所示。

Au+1
Au
Ad+1
Ad
+
CY
CY
R+1
R

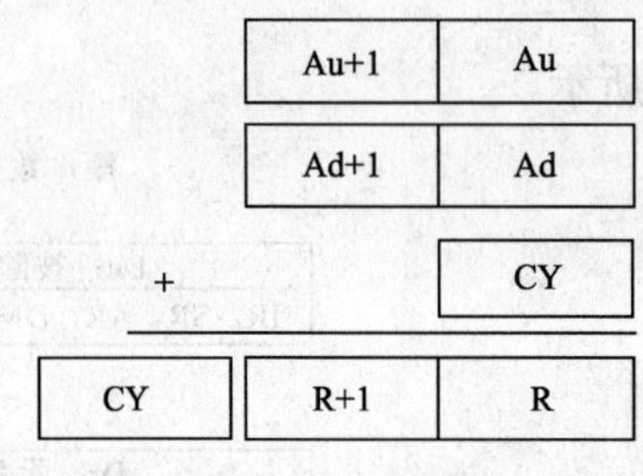

图 5-79　ADDL 指令的功能

5.5.8　SUBL 指令

1. 格式

SUBL 指令的格式如图 5-80 所示。

梯形图符号
SUBL（55）
Mi
Su
R
@SUBL（55）
Mi
Su
R
操作数数据区域
Mi：被减数首字（BCD）
IR，SR，AR，DM，HR，TC，LR，#
Su：减数首字（BCD）
IR，SR，AR，DM，HR，TC，LR，#
R：结果首字
IR，SR，AR，DM，HR，LR

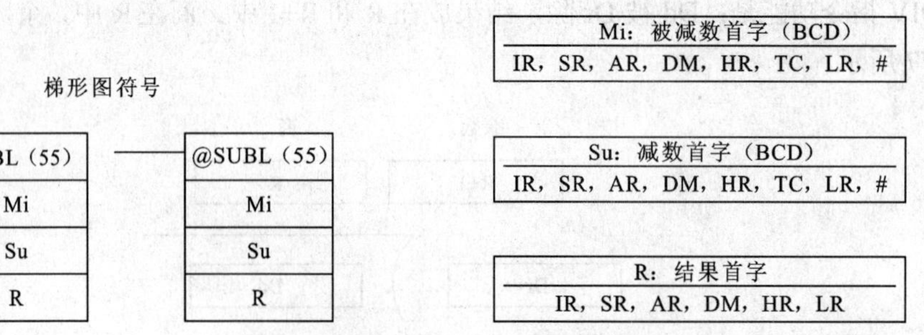

图 5-80　SUBL 指令的格式

2. 功能

SUBL 指令把 CY 和 8 位数值 Su 和 Su+1 的内容从 8 位数值 Mi 和 Mi+1 中减去，并把结果存入 R 和 R+1 中。如果结果为负数，CY 被置位且将实际结果的十进制补码存入 R 中，如图 5-81 所示。

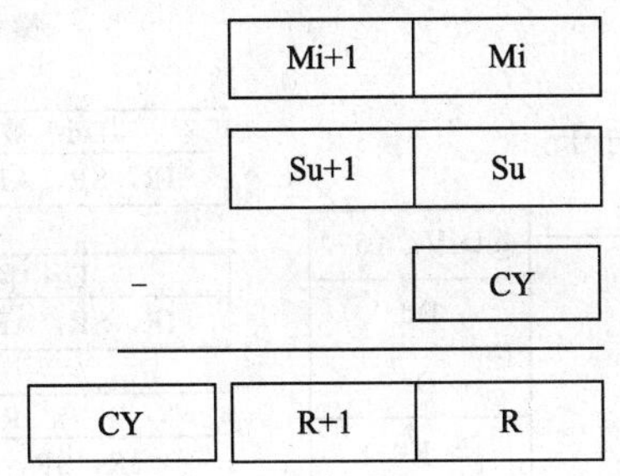

图 5-81　SUBL 指令的功能

5.5.9　MULL 指令

1. 格式

MULL 指令的格式如图 5-82 所示。

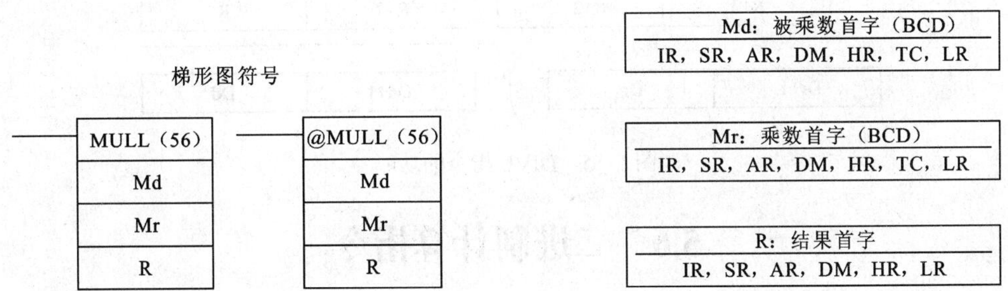

图 5-82　MULL 指令的格式

2. 功能

MULL 指令把 Md 和 Md+1 中内容与 Mr 和 Mr+1 中内容相乘并把结果输出到 R～R+3，如图 5-83 所示。

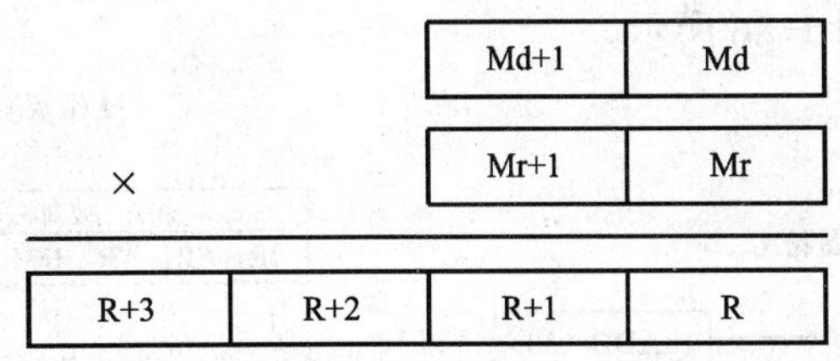

图 5-83　MULL 指令的功能

5.5.10　DIVL 指令

1. 格式

DIVL 指令的格式如图 5-84 所示。

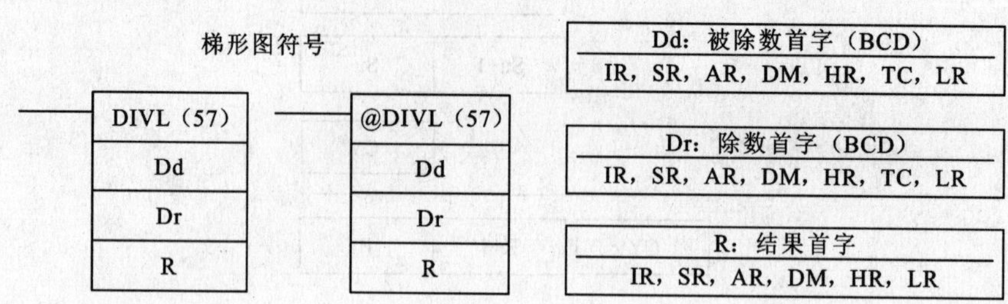

图 5-84　DIVL 指令的格式

2. 功能

DIVL 指令的功能：Dd 和 Dd+1 的内容被 Dr 与 Dr+1 的内容相除，结果存入 R～R+3 中，其中商在 R 和 R+1 中，余数在 R+2 和 R+3 中，如图 5-85 所示。

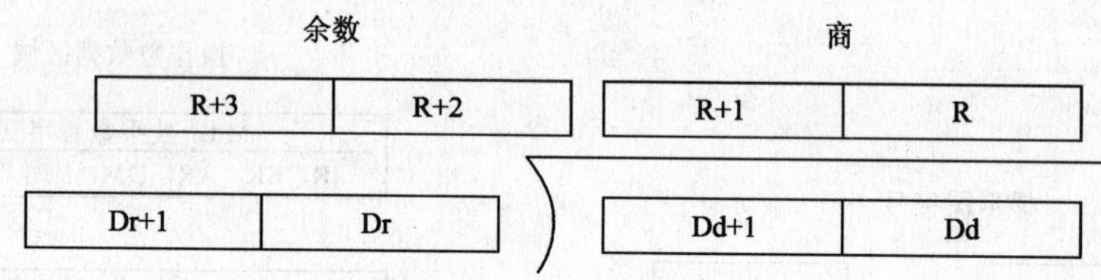

图 5-85　DIVL 指令的功能

5.6　二进制计算指令

二进制计算指令将参与运算的数据格式视为二进制。例如，二进制数加法#1736+#2300 的值为#3A36。

5.6.1　ADB 指令

1. 指令的格式

ADB 指令的格式如图 5-86 所示。

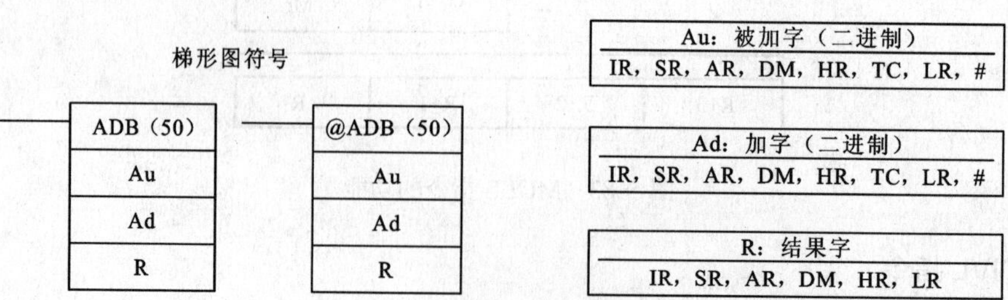

图 5-86　ADB 指令的格式

2. 功能

ADB 指令把 Au、Ad 和 CY 的内容相加并把结果输出到 R。如果结果大于 FFFF，CY 将被置为“1”。指令 ADB 200 DM100 HR10 的运行示意图如图 5-87 所示，A6E2+80C5=127A7，结果是一个 5 位数数字。因此，CY=1，且 R+1(HR11)单元的值变为#0001。

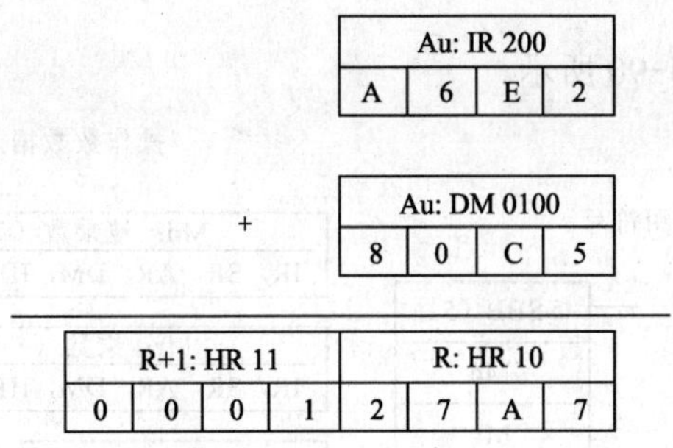

图 5-87　指令 ADB 200 DM100 HR10 的运行示意图

5.6.2　SBB 指令

1. 格式

SBB 指令的格式如图 5-88 所示。

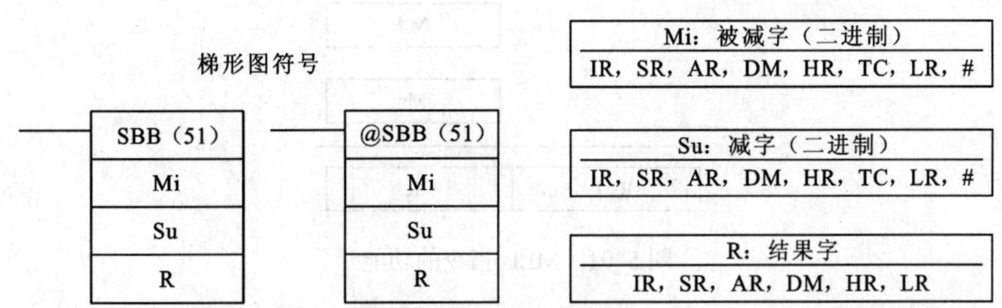

图 5-88　SBB 指令的格式

2. 功能

SBB 指令把 Su 和 CY 的内容从 Mi 中减去并把结果输出到 R。如果结果为负数，CY 被置位，且将实际结果的二进制补码存入 R 中。指令 SBB 200 LR0 HR01 运行示意图如图 5-89 所示。

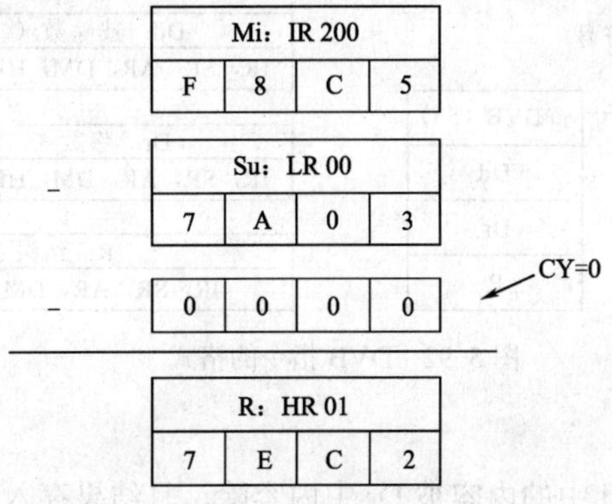

图 5-89　指令 SBB 200 LR0 HR01 运行示意图

5.6.3 MLB 指令

1. 格式

MLB 指令的格式如图 5-90 所示。

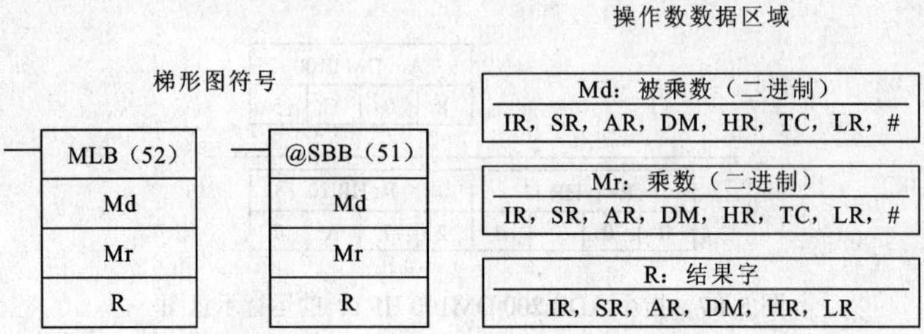

梯形图符号

MLB（52）
Md
Mr
R

@SBB（51）
Md
Mr
R

操作数数据区域

Md：被乘数（二进制）
IR，SR，AR，DM，HR，TC，LR，#

Mr：乘数（二进制）
IR，SR，AR，DM，HR，TC，LR，#

R：结果字
IR，SR，AR，DM，HR，LR

图 5-90　SLB 指令的格式

2. 功能

MLB 指令把 Md 中内容与 Mr 中内容相乘并把结果的最右 4 位数字存入 R，结果的最左 4 位数字存入 R+1。指令的功能如图 5-91 所示。

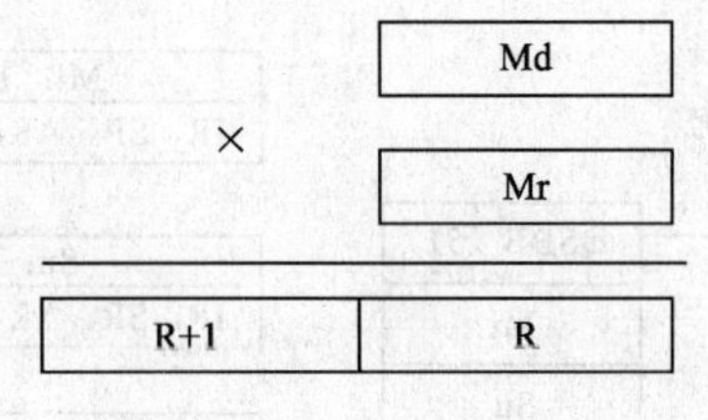

图 5-91　MLB 指令的功能

5.6.4 DVB 指令

1. 格式

DVB 指令的格式如图 5-92 所示。

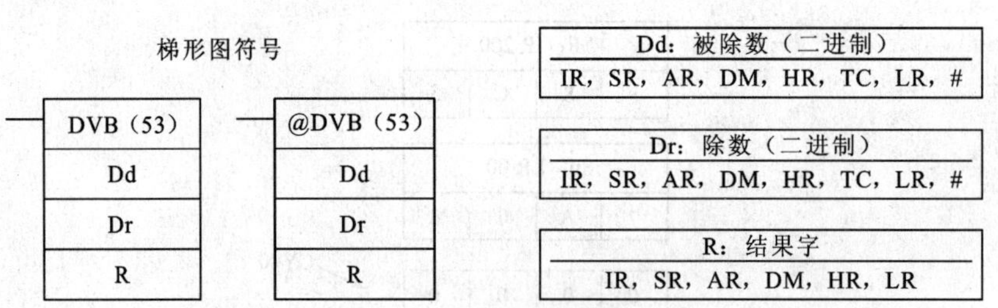

图 5-92　DVB 指令的格式

2. 功能

DVB 指令的功能：使 Dd 中的内容被 Dr 中内容除，且结果存入 R 和 R+1 中，其中商在 R 中，余数在 R+1 中，如图 5-93 所示。

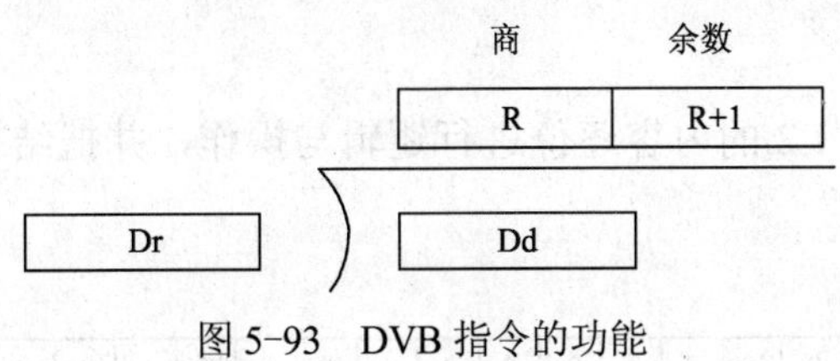

图 5-93　DVB 指令的功能

5.7　逻 辑 指 令

5.7.1　COM 指令

1. 格式

COM 指令的格式如图 5-94 所示。

梯形图符号

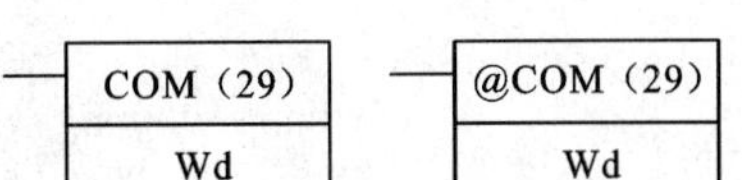

操作数数据区域

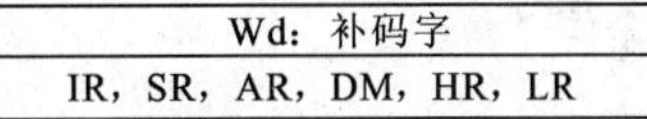

图 5-94　COM 指令的格式

2. 功能

COM 指令将 Wd 内所有“1”位清为“0”，将所有“0”位置“1”，如图 5-95 所示。

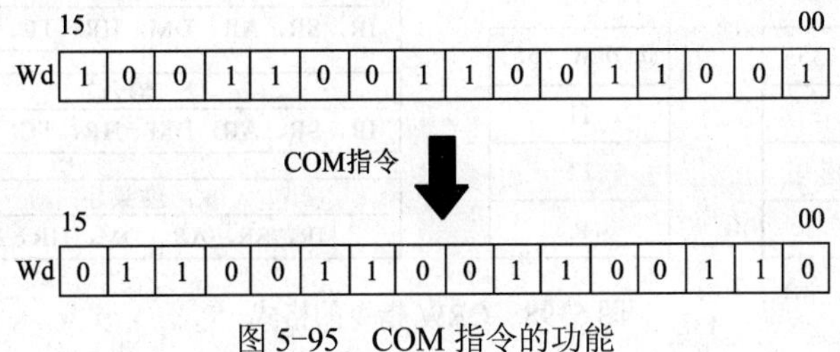

图 5-95　COM 指令的功能

5.7.2　ADNW 指令

1. 格式

ADNW 指令的格式如图 5-96 所示。

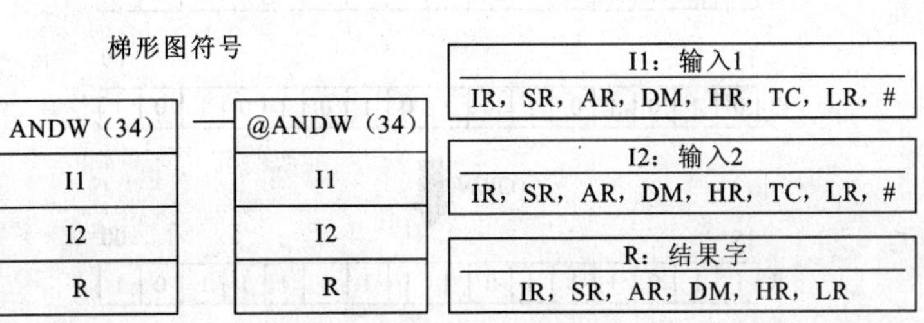

图 5-96　ADNW 指令的格式

2. 功能

ANDW 指令对 L1 和 L2 的内容逐位进行逻辑与操作，并把结果存入 R 中。其功能如图 5-97 所示。

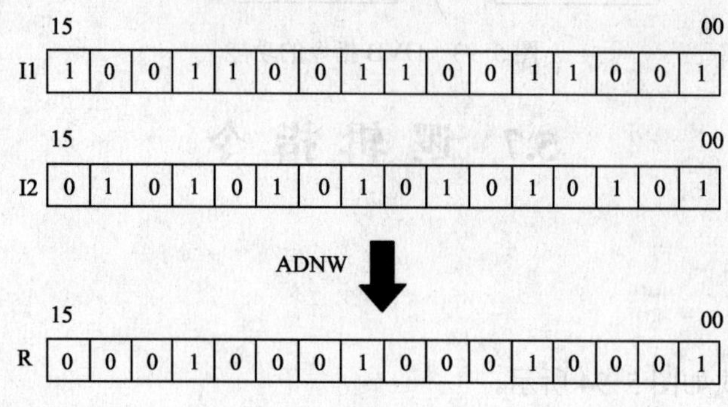

图 5-97　ANDW 指令的功能

5.7.3　ORW 指令

1. 格式

ORW 指令的格式如图 5-98 所示。

梯形图符号

ORW（35）
I1
I2
R

@ORW（35）
I1
I2
R

操作数数据区域

I1：输入1
IR，SR，AR，DM，HR，TC，LR，#

I2：输入2
IR，SR，AR，DM，HR，TC，LR，#

R：结果字
IR，SR，AR，DM，HR，LR

图 5-98　ORW 指令的格式

2. 功能

ORW 指令对 L1 和 L2 的内容逐位进行逻辑或操作，并把结果存入 R 中。其功能如图 5-99 所示。

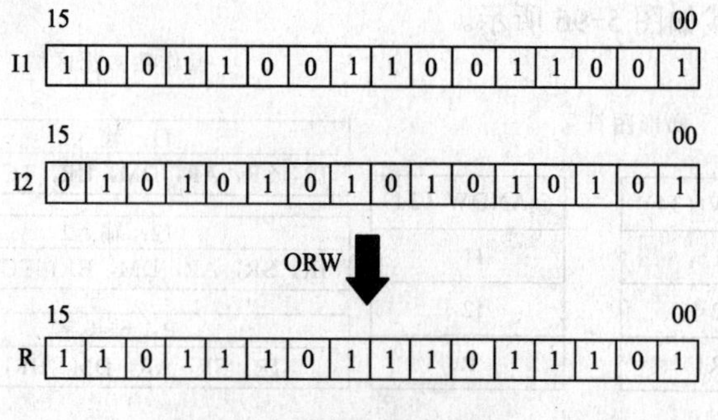

图 5-99　ORW 指令的功能

5.7.4 XORW 指令

1. 格式

XORW 指令的格式如图 5-100 所示。

梯形图符号

XORW（36）	@XORW（36）
I1	I1
I2	I2
R	R

操作数数据区域

I1：输入1
IR，SR，AR，DM，HR，TC，LR，#

I2：输入2
IR，SR，AR，DM，HR，TC，LR，#

R：结果字
IR，SR，AR，DM，HR，LR

图 5-100 XORW 指令的格式

2. 功能

XORW 指令对 L1 和 L2 的内容逐位进行逻辑异或操作，并把结果存入 R 中。其功能如图 5-101 所示。

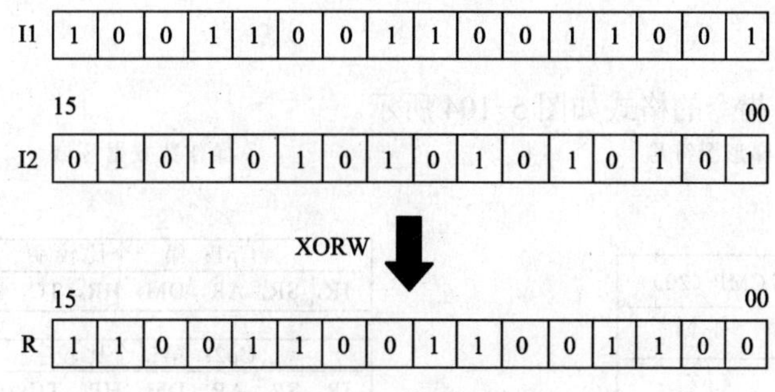

图 5-101 XORW 指令的功能

5.7.5 XNRW 指令

1. 格式

XNRW 指令的格式如图 5-102 所示。

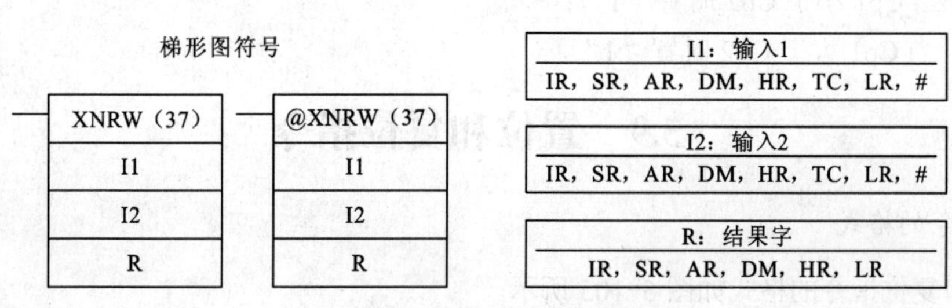

图 5-102 XNRW 指令的格式

2. 功能

XNRW 指令对 L1 和 L2 的内容逐位进行逻辑异或非操作，并把结果存入 R 中。其功能如图 5-103 所示。

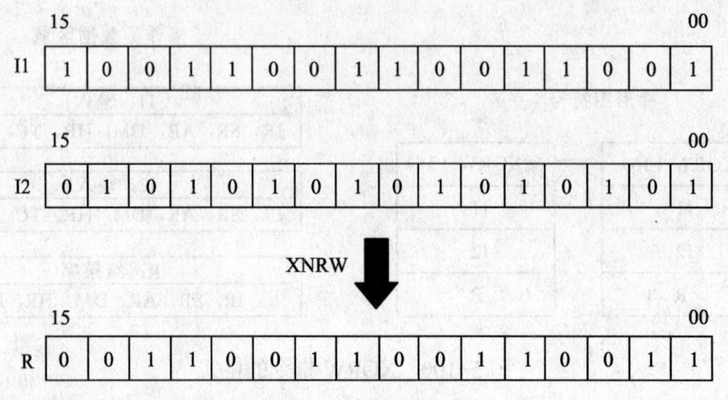

图 5-103　XNRW 指令的功能

5.8　比较指令

1. 格式

比较指令 CMP 指令的格式如图 5-104 所示。

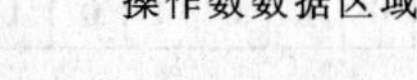

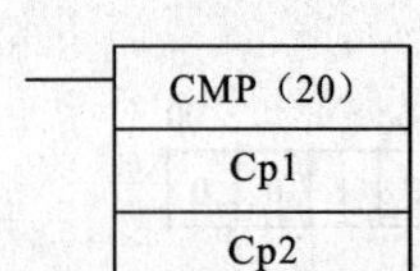

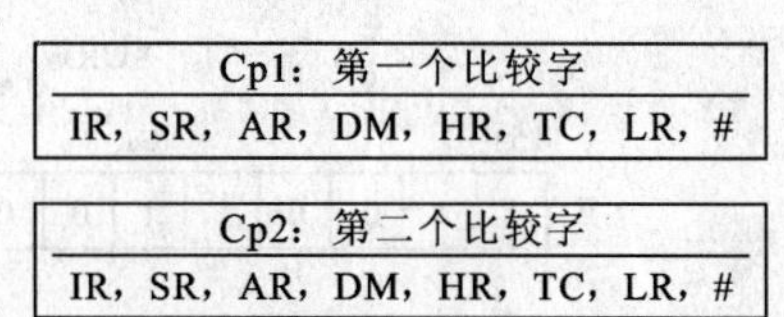

图 5-104　CMP 指令的格式

2. 功能

CMP 指令对 Cp1 和 Cp2 进行比较，并把结果输出给特殊功能寄存器区域中的 GR（255.05）、EQ（255.06）和 LE（255.07）标志。具体的操作如下：

- EQ: 当 Cp1 和 Cp2 相等时置“1”；
- LE: 当 Cp1 小于 Cp2 时置“1”；
- GR: 当 Cp1 大于 Cp2 时置“1”。

5.9　置位和复位指令

1. 指令的格式

置位和复位指令的格式如图 5-105 所示。

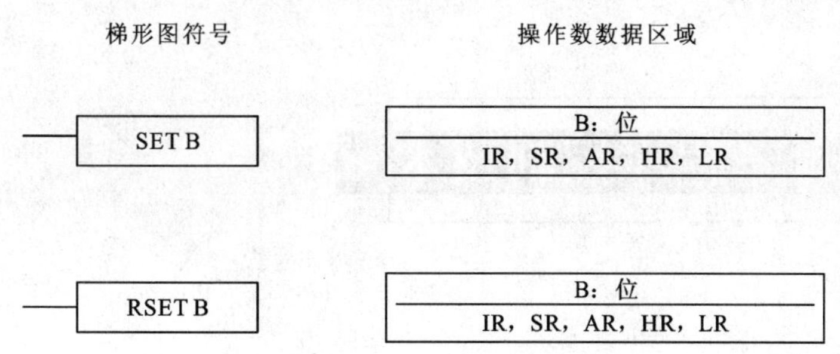

图 5-105　置位和复位指令的格式

2. 功能

SET 指令置操作数位为“1”，当其执行条件为断开时，操作数位的状态不受影响。RSET 置操作数位为“0”，当其执行条件为断开时，操作数位的状态不受影响。

小　结

欧姆龙 CPM*系列 PLC 的功能指令实现对 PLC 内存单元做应用性操作，数据单元的传送、移位、数据转换、算术运算以及逻辑运算；通过这些操作对输入的数据进行处理并将处理的结果输出，以实现特殊的控制要求；PLC 内存单元只存储二进制数据，数据在处理过程中一般以二进制格式处理，只有 BCD 码的计算指令将数据的格式理解 BCD 码。

习　题

1．编写 PLC 程序实现数据单元 DM0～DM9 共 10 个单元的和，结果存于 DM101 与 DM100 单元中。

2．统计 DM0 单元中为“1”的位数，结果存于 DM1 单元。

3．将单元 200 与 201 的值取反。

4．将 200 与 201 单元的值循环左移，即最高位移到最低位，其他位依次左移。

5．分析 BCD 码计算指令和二进制计算指令的区别与共性。

第6章 子程序控制技术

【知识目标】

- 掌握子程序与主程序关系及子程序的作用。
- 掌握子程序定义指令 SBN/RET 和子程序调用指令 SBS 的语法和功能。

【能力目标】

- 掌握交通信号灯系统的可编程控制器编程方法。
- 掌握在控制系统中的编写子程序以及调用子程序的方法。
- 掌握控制系统中子程序的编程环境。

6.1 子 程 序

6.1.1 子程序的概念

实现相对独立功能的一段程序称为子程序，相对于子程序有主程序，主程序和子程序的关系是调用和被调用关系。当主程序调用子程序时，程序转移到子程序执行，当子程序的所有指令执行完，返回主程序中调用点下一位置处继续执行主程序，如图 6-1 所示。

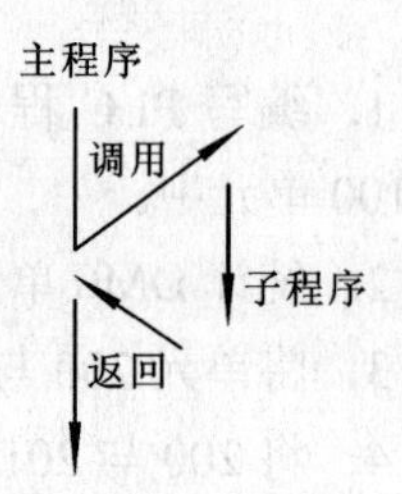

图 6-1　主程序和子程序关系

只有被主程序调用的子程序才能实现其功能，子程序可多次被主程序调用。

6.1.2 子程序指令

1. SBS 指令

（1）格式

SBS 指令的格式如图 6-2 所示。

梯形图符号	定义数据区域
SBS（91）N	N：子程序编号 000~049

图 6-2　SBS 指令的格式

(2) 功能

SBS 指令调用编号为 N 的子程序，当子程序被执行完成后，返回到调用指令的下一条指令继续执行调用程序（主程序）。如图 6-3 所示，当执行 SBS 000 指令时，执行 SBN 000 与第一个 RET 之间的指令，再返回调用子程序的 SBS 00 下一条指令执行。

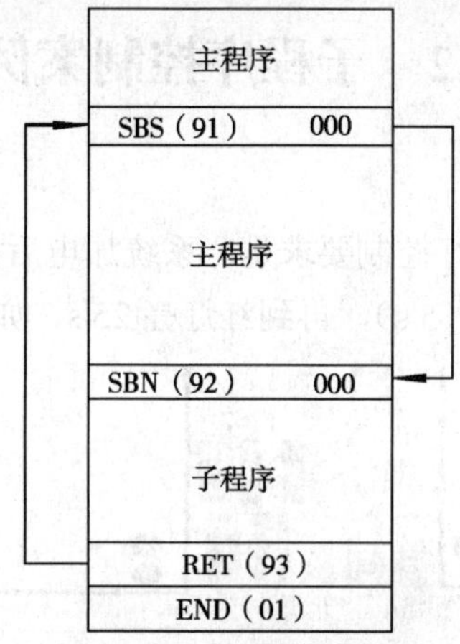

图 6-3 SBS 指令的功能

SBS 指令还可以被放在一个子程序中，执行从一个子程序对另一个子程序的调用，也就是说，子程序可以嵌套。图 6-4 所示为两级子程序嵌套。

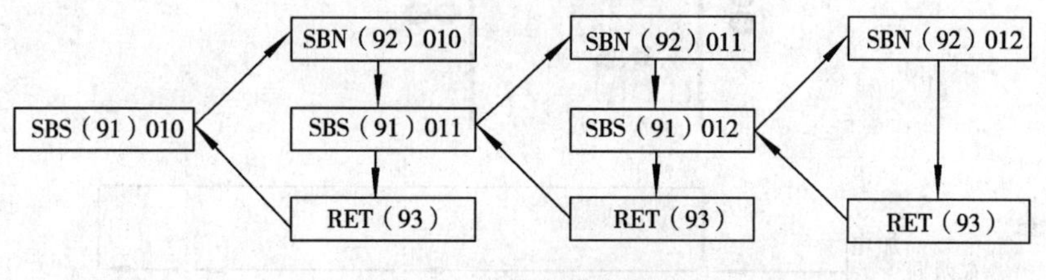

图 6-4 子程序嵌套调用

2. SBN 指令和 RET 指令

(1) 格式

SBN 指令和 RET 指令的格式如图 6-5 所示。

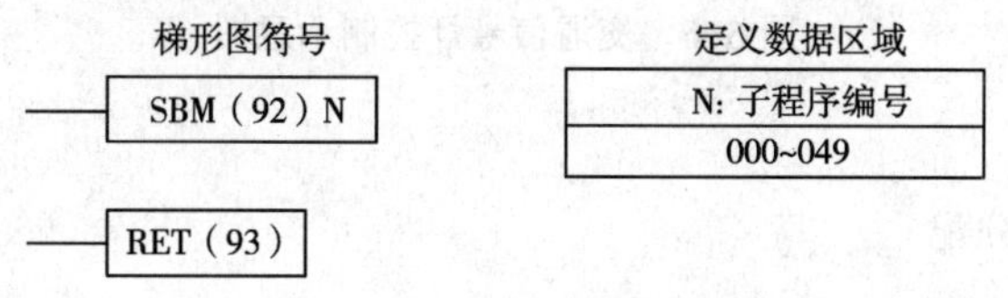

图 6-5 SBN 指令和 RET 指令的格式

(2) 功能

SBN 指令标志一个子程序的开始；RET 指令被用来定义子程序的结束。每个子程序都有一个子程序编号，但 N，RET 指令不需要带子程序号。所有子程序必须编在主程序后。程序结束指令 END 必须放在最后一个子程序结束之前。也就是说，在最后一条 RET 指令之后。

需要注意的是，如果 SBN 指令在主程序中被错放了位置，它将阻止程序执行。也就是说，当遇到 SBN 指令时，程序将返回起始位置。

如果 DIFU 指令或 DIFD 指令被用于子程序中，该操作位在下一次子程序执行前将不会变为“0”。也就是说，该操作位为“1”的时间将超过一个扫描周期。

6.2　子程序控制案例

1. 案例导入

交通信号灯。路口交通信号灯控制要求是：系统加电后黄灯亮 5 s 后红灯亮 25 s，然后绿灯亮 20 s，然后黄灯闪烁 5 次（5 s），再到红灯亮 25 s，如图 6-6 所示。

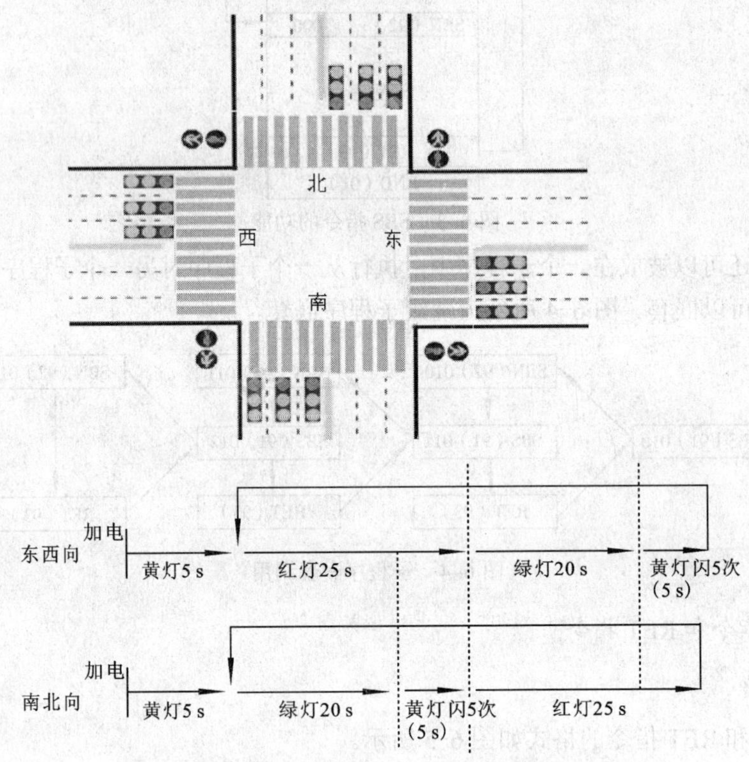

图 6-6　交通信号灯控制示意图

2. 解决方案

（1）PLC 的 I/O 分配

PLC 的 I/O 分配如表 6-1 所示。

表 6-1　交通信号灯的 PLC 的 I/O 分配表

端子	功能	端子	功能
10.00	东西向的红灯	10.03	南北向的红灯
10.01	东西向的绿灯	10.04	南北向的绿灯
10.02	东西向的黄灯	10.05	南北向的黄灯

(2) PLC 梯形图程序的编写

该案例程序的编写过程如下：

① 依据图 6-6 编写程序实现东西向的信号灯控制，其中黄灯不闪烁。定义的 PLC 内部继电器功能如图 6-7 所示，梯形图如图 6-8 所示，定时器 T0000 控制系统加电黄灯亮时间，T0001 控制红灯亮时间，T0002 控制绿灯亮时间，T0003 控制黄灯亮时间。

名称	数据类型	地址 / 值
东西红灯	BOOL	10.00
东西红灯状态	BOOL	200.01
东西黄灯	BOOL	10.02
东西黄灯状态	BOOL	200.03
东西绿灯	BOOL	10.01
东西绿灯状态	BOOL	200.02
加电东西黄灯状态	BOOL	200.00

图 6-7　东西向红绿灯 PLC 内部继电器功能分配

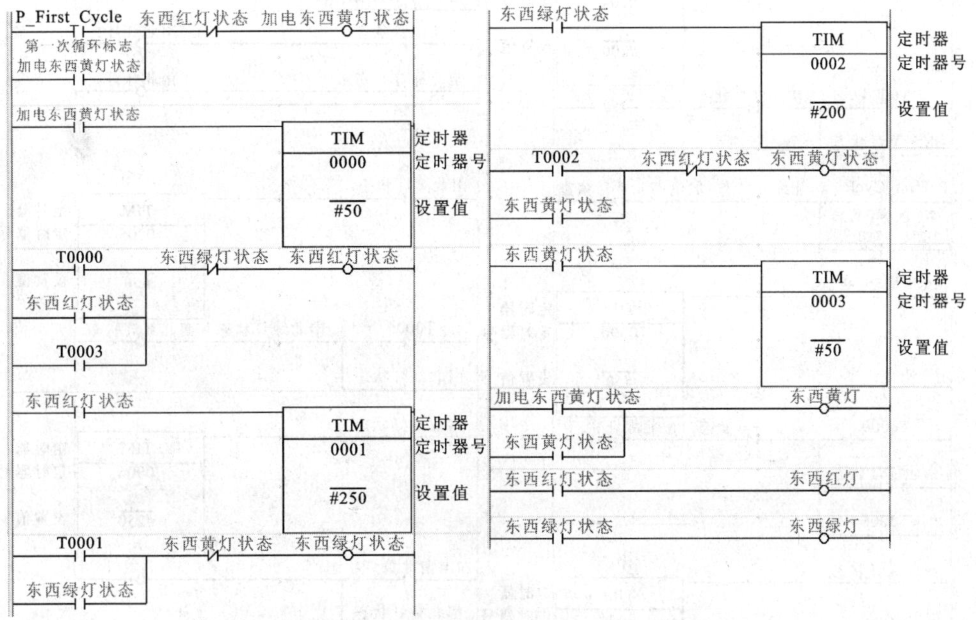

图 6-8　东西向的信号灯不带闪烁梯形图程序

② 依据图 6-6 编写南北向信号灯控制程序。定义的 PLC 内部继电器功能如图 6-9 所示，梯形图如图 6-10 所示，定时器 T0000 控制系统加电黄灯亮时间，T0004 控制绿灯亮时间，T0005 控制黄灯亮时间，T0006 控制红灯亮时间。

名称	数据类型	地址 / 值
南北绿灯状态	BOOL	200.06
南北绿灯	BOOL	10.04
南北黄灯状态	BOOL	200.07
南北黄灯	BOOL	10.05
南北红灯状态	BOOL	200.05
南北红灯	BOOL	10.03
加电南北黄灯状态	BOOL	200.04
加电东西黄灯状态	BOOL	200.00
东西绿灯状态	BOOL	200.02
东西绿灯	BOOL	10.01
东西黄灯状态	BOOL	200.03
东西黄灯	BOOL	10.02
东西红灯状态	BOOL	200.01
东西红灯	BOOL	10.00

图 6-9　南北向信号灯控制 PLC 内部继电器功能

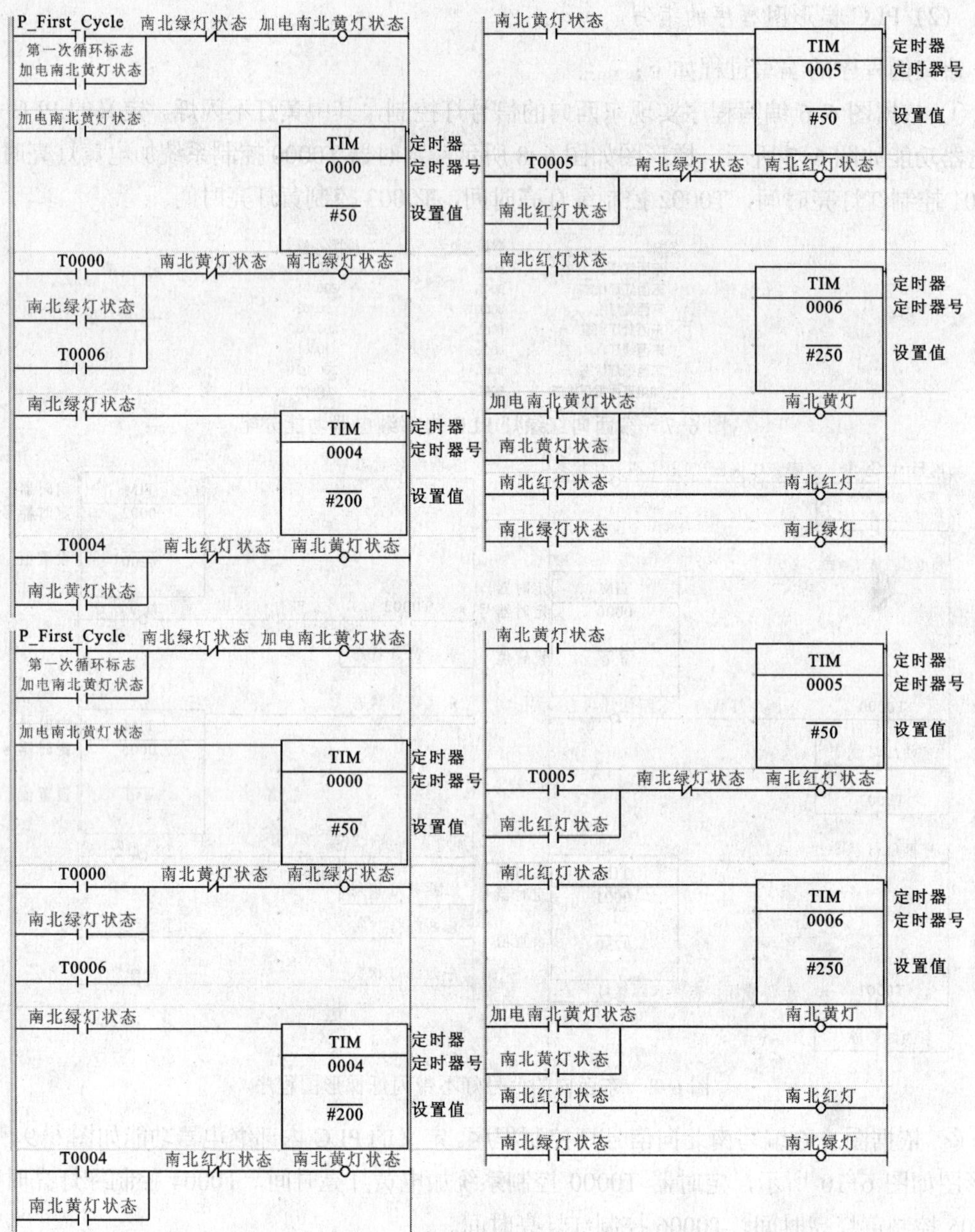

图 6-10　南北向信号灯控制程序（不带闪烁）

③ 将东西向信号灯和南北向信号灯控制程序合并，即为完整的信号灯控制程序（不带闪烁）。

④ 编写程序实现信号灯的闪烁，周期为 1 s，即亮 0.5 s 灭 0.5 s。定时器 T0007 产生 0.5 s 的脉冲信号，梯形图如图 6-11 所示。

对 T0007 产生的周期 0.5 s 的信号二分频，产生周期为 1 s 的方波信号。梯形图如图 6-12 所示，201.02 的输出为周期为 1 s 的方波。

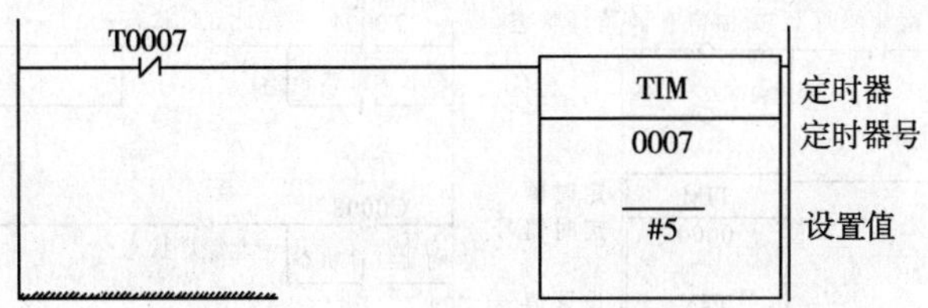

图 6-11　周期为 0.5 s 的脉冲信号

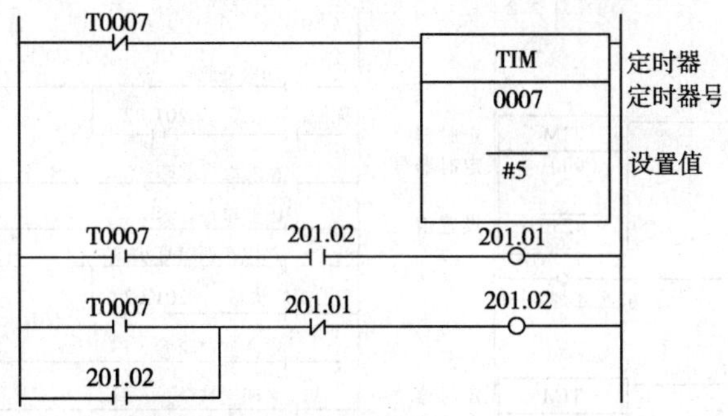

图 6-12　周期为 1 s 的方波信号程序

程序中在加入计数器指令对 201.02 计数 5 次，实现黄灯闪烁 5 次控制，程序如图 6-13 所示。

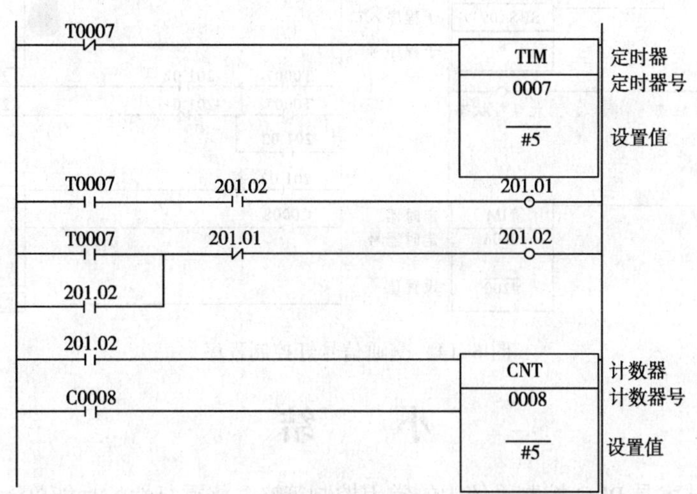

图 6-13　闪烁 5 次的控制程序

⑤ 将图 6-13 所示的闪烁 5 次的控制程序通过 SBN 指令定义为子程序，将④实现的交通信号灯控制程序中黄灯亮 5 s 控制指令段改为子程序调用指令即可实现带闪烁功能的交通信号灯控制，子程序中 201.02 的输出为闪烁 5 次控制信号，将该信号串联到黄灯控制梯形图中即可实现黄灯闪烁控制。完整的程序如图 6-14 所示。

3. 结论

PLC 程序设计过程中，对功能相对独立而且需要多次重复编程的程序段可以定义为子程序，并在主程序中调用该子程序，这样编写的程序结构简单，易于理解，同时又便于维护。

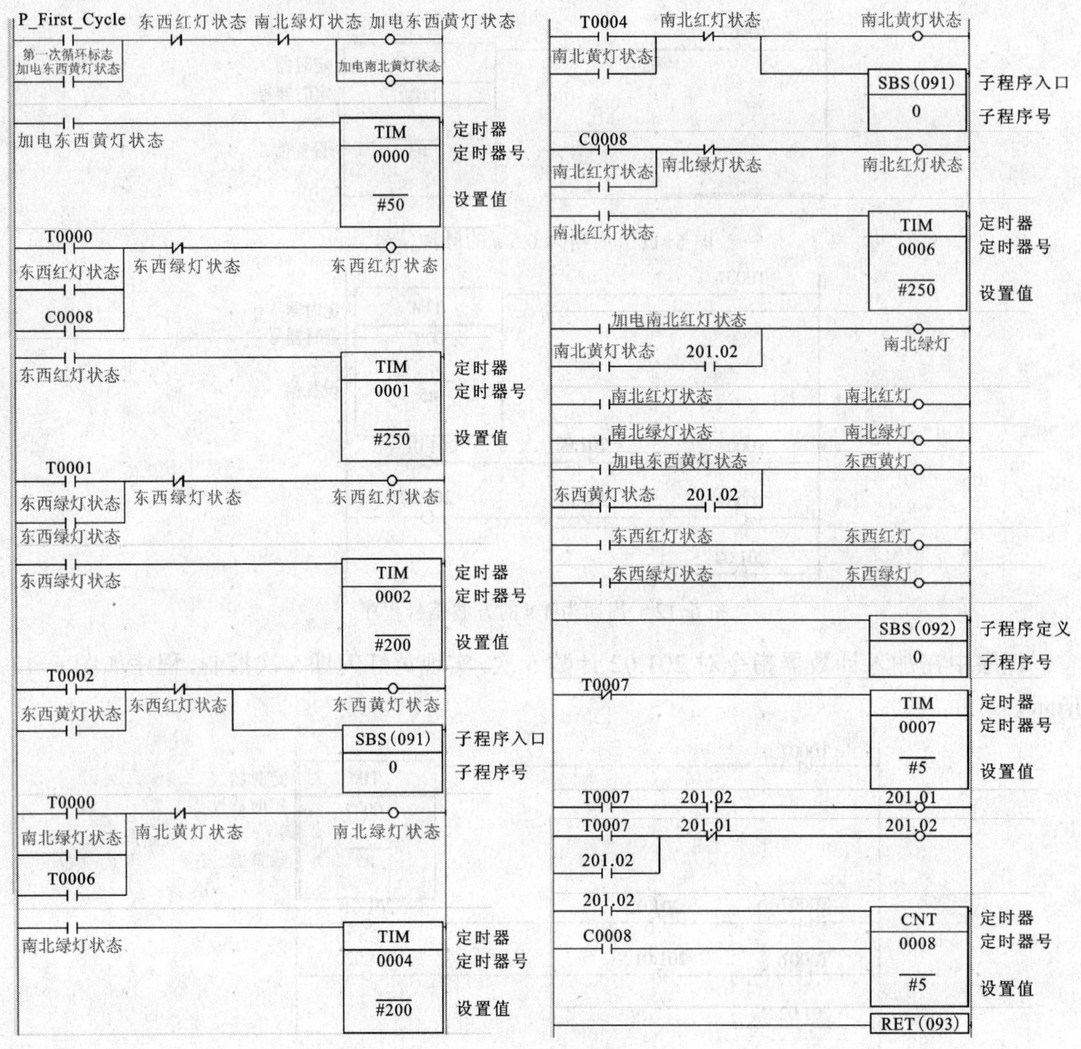

图 6-14　交通信号灯控制程序

小　结

子程序控制技术是 PLC 控制系统中的常用控制策略，将重复性的功能单元编写为子程序，在主程序中调用该子程序，这样的设计方法便于控制系统维护，同时也利于多个人协调工作。

习　题

函数 $f(x)=x^2+2x$ 是控制系统的某个控制需求，x 的存储单元是 DM0，$f(x)$的存储单元是 DM100，现有 10 个数据存在单元 DM10～DM19，计算出这 10 个数据为 x 的 $f(x)$的值，并将结果存储在 DM20-DM29 单元中。

第7章 顺序控制技术

【知识目标】

- 掌握顺序控制技术的应用环境和基本概念。
- 掌握步进控制梯形图的编程步骤。
- 掌握 SFC 图的绘制方法和图中各部分的功能。

【能力目标】

- 掌握单流程的步进控制梯形图的编程方法和应用环境。
- 掌握选择流程的步进控制梯形图的编程方法和应用环境。
- 掌握选择并行分支与汇总的步进梯形图编程方法和应用环境。
- 掌握采用 SET/RSET 指令的 SFC 图转化为梯形图的方法。
- 掌握采用自锁控制技术的 SFC 图转化为梯形图的方法。
- 掌握单流程、选择流程、并行分支与汇总 3 种技术混合编程的方法。

7.1 顺序控制的思路

图 7-1 所示的红灯、绿灯、黄灯的顺序动作流程图是一个典型的顺序控制过程，类似于接力赛跑，红灯是第一棒，绿灯是第二棒，黄灯是第三棒，无论如何传递，控制系统中只有一只“接力棒”在赛跑者之间传递。也就是一个系统有 n 个状态，也可称为“步”，步与步之间有严格的顺序关系与切换条件。

可以将图 7-1 描述为 4 步，每一步用一个内部继电器存储步的状态是否活动，每一步可以控制设备执行特定的动作。比如，红灯或黄灯或绿灯亮，如表 7-1 所示。

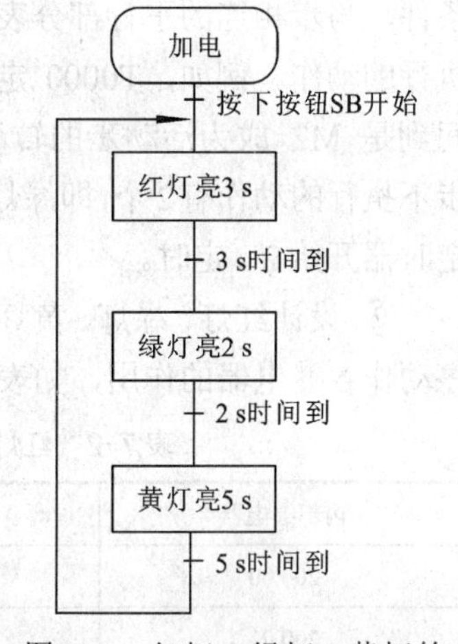

图 7-1 红灯、绿灯、黄灯的顺序动作的过程

表 7-1 红灯、绿灯、黄灯的顺序动作

步（状态）	活 动 条 件	动 作
M0	上电	无
M1	SB 按下或黄灯亮 5 s 时间到	红灯亮
M2	红灯亮 3 s 时间到	黄灯亮
M3	绿灯亮 5 s 时间到	绿灯亮

结论：顺序控制中的核心是“步”，每个步都对应有将该步激活的条件以及在该步下需要执行的动作。一个完整的顺序控制系统由若干步组成，程序的执行过程就是活动步的切换过程，通过不同活动步执行不同的动作，从而完成系统的顺序控制要求。

7.2　步进控制梯形图的编程

步进控制梯形图的编程方法如下：

① 根据要求设计控制系统的步的状态转移图（SFC 图）。

② 将 SFC 图中的每个步与内部继电器之间建立关联，每个步的状态用 1 个内部继电器存储，值为“1”表示为该步活动，值为“0”表示为该步不活动。如果希望系统的运行状态在停电后再加电继续停电前的运行状态，则用保持继电器 HR 存储步的状态。

③ 依据 SFC 图编写步的状态转移梯形图程序，当某步成为活动步时，其前一步一定要成为不活动步。程序的编写方法可以用 SET 指令与 RSET 指令设置步为活动状态和设置步为不活动状态，也可以用自锁方法编写。

7.2.1　单流程的步进控制梯形图的编程

单流程的步进梯形图的步的状态转移的基本形式是单流程，即每一步只有一个前步和后步。红灯、绿灯、黄灯的顺序动作就是一个单流程的步进程序。

1. 案例导入

红灯、绿灯、黄灯的单流程顺序动作的顺序与要求如图 7-1 所示。

2. 解决方案

① 设计的 SFC 图如图 7-2 所示，方框表示“步”，横短画线表示下一步的装换条件，与步相连的平行部分表示的是该步执行的动作。例如，T0000 定时器计时时间到是 M2 成为活动步的转移条件，M2 步下执行的动作有 2 个，即绿灯亮与 T0001 定时器开始 2 s 定时。

② 设计红灯、绿灯、黄灯的单流程顺序动作各继电器的作用，如表 7-2 所示。

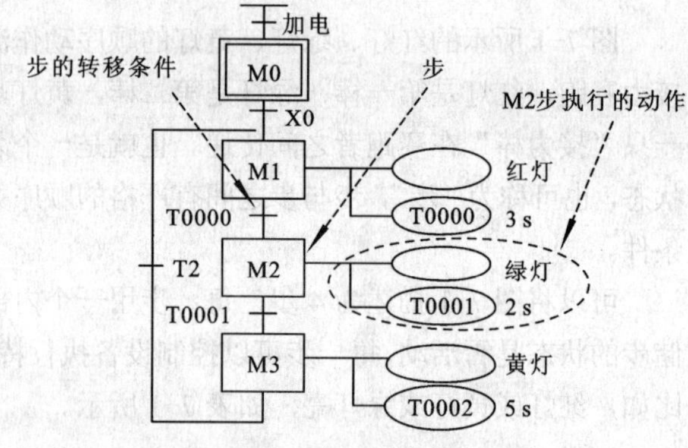

图 7-2　红灯、绿灯、黄灯的单流程顺序动作 SFC 图

表 7-2　红灯、绿灯、黄灯的单流程顺序动作内部继电器的功能

内部继电器	功　能	内部继电器	功　能
200.00	步 M0	T0000	红灯亮时间
200.01	步 M1	T0001	绿灯亮时间
200.02	步 M2	T0002	黄灯亮时间
200.03	步 M3	0.00	开始按钮 SB

续表

内部继电器	功　能	内部继电器	功　能
10.00	红灯		
10.01	绿灯		
10.02	黄灯		

③ 编写梯形图程序。可以采用 2 种方法编写梯形图程序，即 SET、REST 指令方式和自锁方式。

方案 1：采用 SET 与 RSET 指令实现步的状态转移。

程序如图 7-3 所示，横线的上半部分实现是 SFC 图中的状态转移。例如，将 M2 步的状态设置为活动的转移条件是：M1 步下发生 T0000 事件，即 T0000 定时器的计时时间到；而 M2 步成为活动步立即执行 RSET　M1 指令，将 M1 步设置为不活动。横线的下半部分为各步下执行的动作。例如，M2 步一旦成为活动步则执行 2 个动作，即绿灯亮与定时器 T0001 开始 2 s 的计时动作。

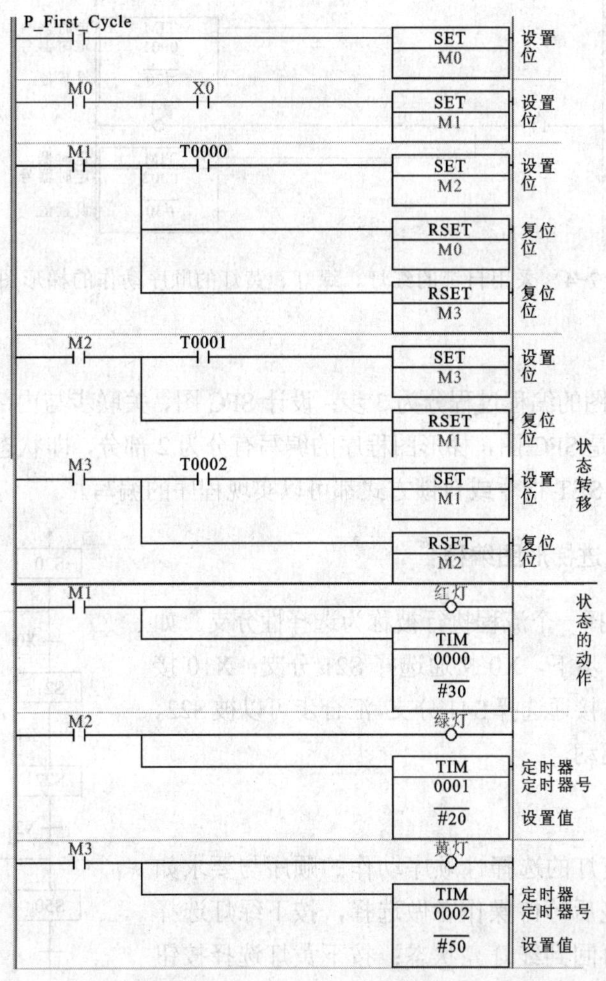

图 7-3　SET 指令的红灯、绿灯、黄灯的顺序动作的梯形图

方案 2：采用自锁的方法实现步的状态转移。

程序如图 7-4 所示，步的状态转移部分采用自锁方法实现，将下一步的常闭触点串联到前一步的控制梯形图中，这样当下一步成为活动步时，前一步将成为不活动步。

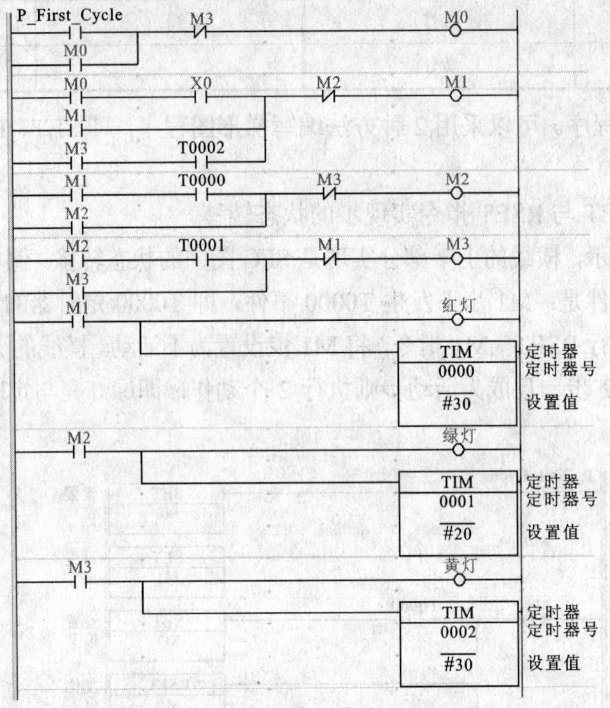

图 7-4　采用自锁的红灯、绿灯、黄灯的顺序动作的梯形图

3. 结论

单流程步进梯形图的编程过程分为 3 步：设计 SFC 图、关联步与内部继电器、编写梯形图程序。设计的关键是 SFC 图，梯形图程序的编写有分为 2 部分，即状态转移部分和状态的动作部分，至于采用 SET 指令或自锁方式都可以实现程序的编写。

7.2.2　选择流程的步进梯形图编程

在多个流程中选择一个流程执行被称为选择性分支。如图 7-5 所示，在 S20 步下，X0 接通选择 S21 分支；X10 接通选择 S31 分支;X20 接通选择 S41 分支,汇合步可以被 S22、S32、S42 任何一个驱动。

1. 案例导入

红灯、绿灯、黄灯的选择性顺序动作的顺序与要求如图 7-6 所示。红灯亮后等待操作者做选择，按下绿灯选择按钮，绿灯亮 2 s 再回到红灯亮状态；按下黄灯选择按钮则黄灯亮 5 s 后回到红灯亮状态。

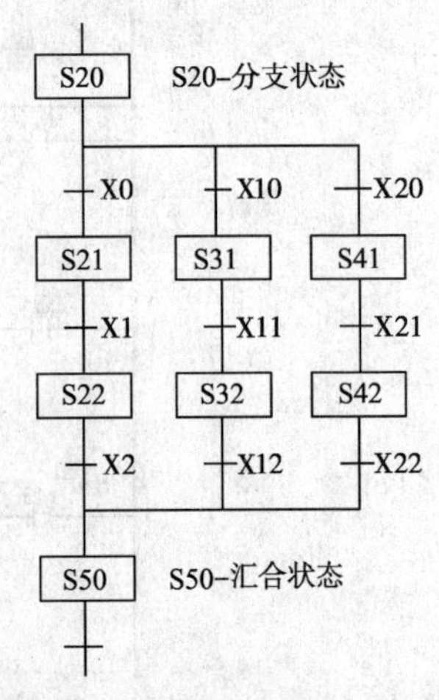

图 7-5　选择流程的 SFC 图

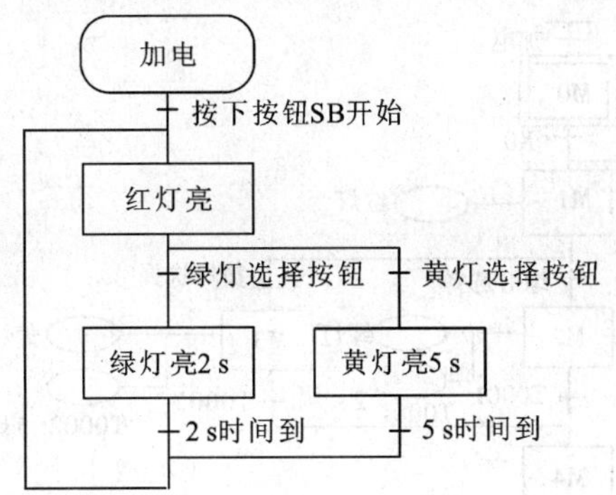

图 7-6 红灯、绿灯、黄灯的选择性顺序动作的顺序与要求

2. 解决方案

① 设计的 SFC 图如图 7-7 所示。

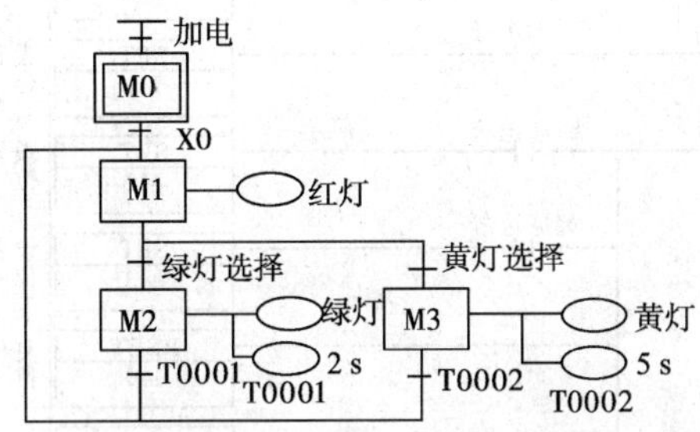

图 7-7 红灯、绿灯、黄灯的选择流程顺序动作 SFC 图

② 设计红灯、绿灯、黄灯的选择流程动作各继电器的作用，如表 7-3 所示。

表 7-3 红灯、绿灯、黄灯的单流程顺序动作内部继电器的功能

内部继电器	功 能	内部继电器	功 能
200.00	步 M0	T0001	绿灯亮时间
200.01	步 M1	T0002	黄灯亮时间
200.02	步 M2	0.00	开始按钮 SB
200.03	步 M3	0.01	绿灯选择按钮
10.00	红灯	0.02	红灯选择按钮
10.01	绿灯		
10.02	黄灯		

③ 编写梯形图程序：梯形图程序如图 7-8 所示。步 M1 有 2 个后步，M1 为活动步后，绿灯选择按钮按下则将 M2 转移为活动步；按下红灯选择按钮则将 M3 为活动步。步 M1 前步有 3 个：M0、M2 和 M3，M1 为活动步后需将 M0、M2 和 M3 设置为步活动。由于 M1 步既是 M2 步的前步又是 M2 步的后步，程序编写会有问题。实际处理中当连续步小于 3 时增加虚步将步数增为 3，以便于程序的编写。修改后的 SFC 图，如图 7-8 所示，其中 M4 是虚步，这样 M2 的前步为 M1，后步为 M4。梯形图程序如图 7-9 所示。

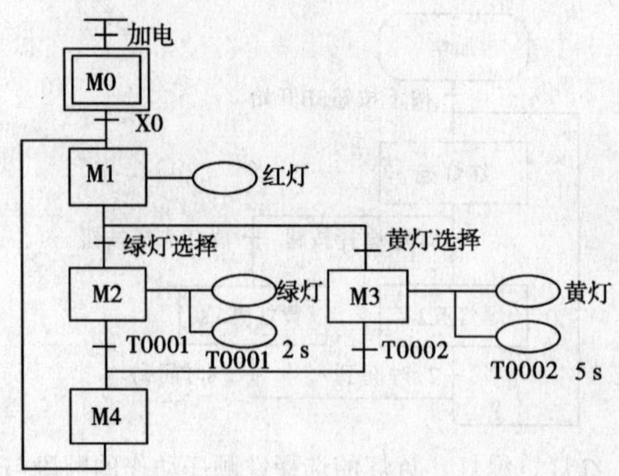

图 7-8　带虚步的红灯、绿灯、黄灯的选择流程顺序动作 SFC 图

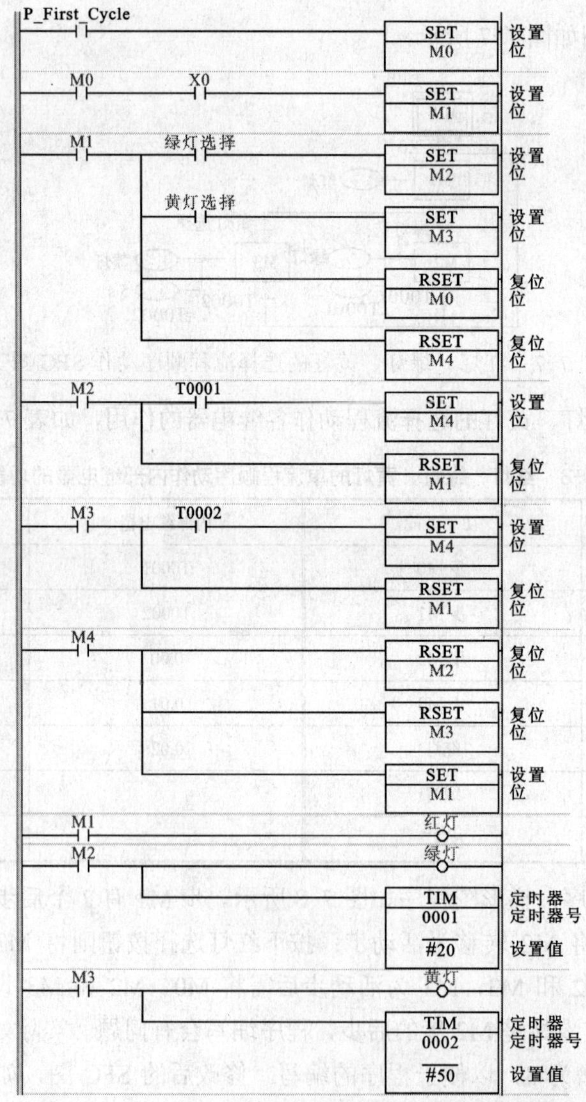

图 7-9　红灯、绿灯、黄灯的选择流程梯形图程序

3. 结论

选择流程的步进梯形图程序编写和单流程步进梯形图程序编写方法一样，只需要依据SFC图的转换条件设置步的状态即可，将步的转移与步的动作分开处理。

7.2.3　并行分支与汇总的步进梯形图编程

并行分支是指多个分支同时执行的分支。如图 7-10 所示，在 S20 步下，条件 X0 接通，S21、S24、S27 这 3 个分支同时动作；各分支完成后，X7 接通，则汇合步 S30 动作；这种汇合必须是 S23、S26、S29 都有效后才能汇合，先完成的等待后完成的步。

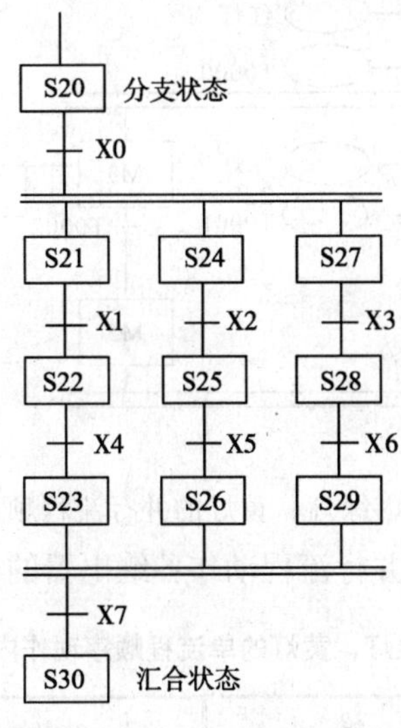

图 7-10　并行分支与汇总

1. 案例导入

红灯、绿灯、黄灯的并行性顺序动作的顺序与要求如图 7-11 所示，红灯亮 3 s 后，绿灯和黄灯同时亮，绿灯亮 2 s 黄灯亮 5 s 后回到红灯亮状态。

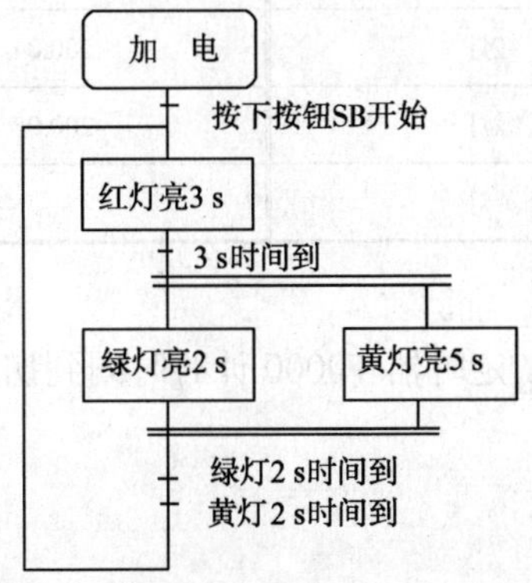

图 7-11　红灯、绿灯、黄灯的选择性顺序动作的顺序与要求

2. 解决方案

① 设计的 SFC 图如图 7-12 所示，其中 M4 和 M5 是虚步，M1 的后步是 M2 和 M3，定时器 T0000 计时时间到后 M2 步和 M3 步都成为活动步，M2 和 M3 步完成后，M4 和 M5 成为活动步，M4 和 M5 的后步为 M1。

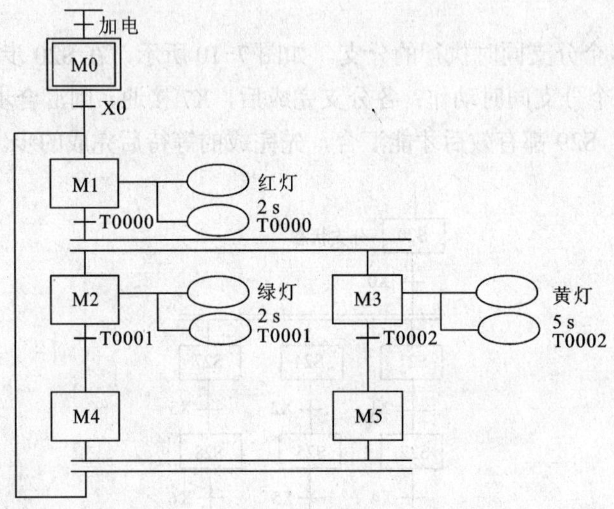

图 7-12 红灯、绿灯、黄灯的并行流程顺序动作 SFC 图

② 设计红灯、绿灯、黄灯的并行流程动作各继电器的作用，如表 7–4 所示。

表 7–4 红灯、绿灯、黄灯的单流程顺序动作内部继电器的功能

内部继电器	功　能	内部继电器	功　能
200.00	步 M0	T0000	红灯亮时间
200.01	步 M1	T0001	绿灯亮时间
200.02	步 M2	T0002	黄灯亮时间
200.03	步 M3	0.00	开始按钮 SB
10.00	红灯	200.04	步 M4
10.01	绿灯	200.05	步 M5
10.02	黄灯		

③ 编写梯形图程序

梯形图程序如图 7-13 所示。定时器 T0000 计时时间到切换 M2 和 M3 为活动步，程序采用自锁方法编写。

3. 结论

并行分支与汇总编程方法与其他两种结构的编程相同，每个步成为活动步后需将前步设置为不活动，而步成为活动步的条件是在前步下发生转换条件。

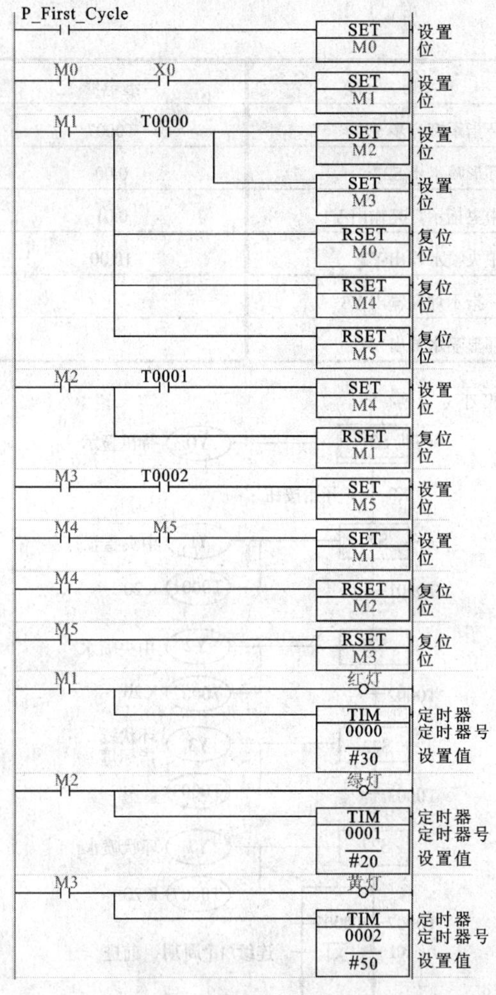

图 7-13　红灯、绿灯、黄灯的并行流程顺序动作梯形图

7.3　顺序控制应用实例

【案例 7.1】喷泉的喷水控制。

中央喷泉的喷水控制要求如下：

① 开关 X1 断开，单周期运行时，每按 1 次启动按钮则启动 1 个周期的运行。

② 开关 X1 接通，连续运行时，按下启动按钮后，喷水周期连续运行。

喷水周期是：中央指示灯亮 2 s→中央喷水 2 s→环指示灯亮 2 s→环状喷水 2 s。

各继电器的作用如表 7-5 所示。

表 7-5　喷泉的喷水控制继电器的作用

继电器	功　能	继电器	功　能
20.00	初始步 S3	T0001	中央指示灯亮时间
200.00	中央指示灯亮步 S20	T0002	中央喷水时间
200.01	中央喷水步 S21	T0003	环指示灯亮时间

续表

继电器	功　能	继电器	功　能
200.02	环指示灯亮步 S22	T0007	环形喷水时间内
200.07	环形喷水步 S27	0.00	启动按钮 X0
10.01	中央指示灯亮输出 Y1	0.01	连续、单周期选择 X1
10.02	中央喷水输出 Y2	10.00	待机显示 Y0
10.03	环指示灯亮输出 Y3		
10.07	环形喷水输出 Y7		

SFC 图，如图 7-14 所示。

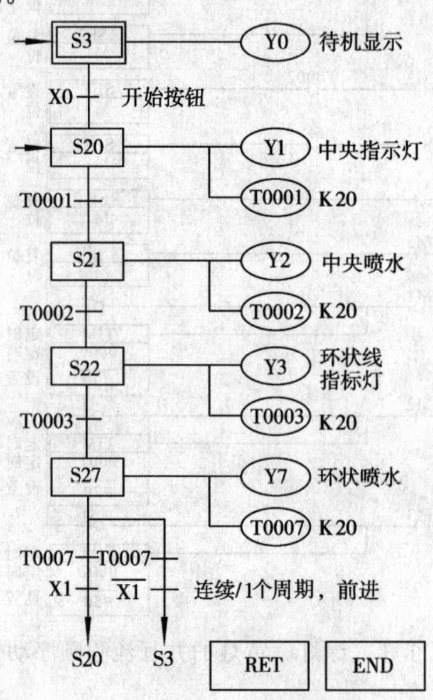

图 7-14　喷水控制的 SFC 图

梯形图程序如图 7-15 所示，当 X1 接通时，按下启动按钮 X0，则开始连续运行；当 X1 断开时，每按 1 次启动按钮 X0 则运行 1 个周期。

SET 指令设置步为活动：“1”，RSET 指令设置步为不活动：“0”。例如，对应于图 7-8 所示的 SFC 图，X0 按钮按下则步 S20 为活动状态，同时将上一步 S3 设置为不活动，在 S20 步下执行 2 个动作，即中央指示灯 Y1 亮，定时器 T1 开始定时。每一步程序编写思路相同，当转换条件满足时将该步设置为活动步，将上一活动步设置为不活动，同时将该步需要执行的动作完成。

【案例 7.2】凸轮轴的旋转控制。

如图 7-16 所示，在正转角度的两个位置设有小正转限位开关 X011、大正转限位开关 X013，在逆转角度的两个位置设有小反逆转限位开关 X010、大逆转传限位开关 X012。凸轮的运转是：按下启动按钮→小正传→小逆转→大正传→大逆转→停止。

对应于图 7-17 所示 SFC 图的梯形图程序如图 7-18 所示，该程序将状态转移写在程序的前半部分，将各步下需要执行的动作放在程序后部，这样处理的程序结构更精练。

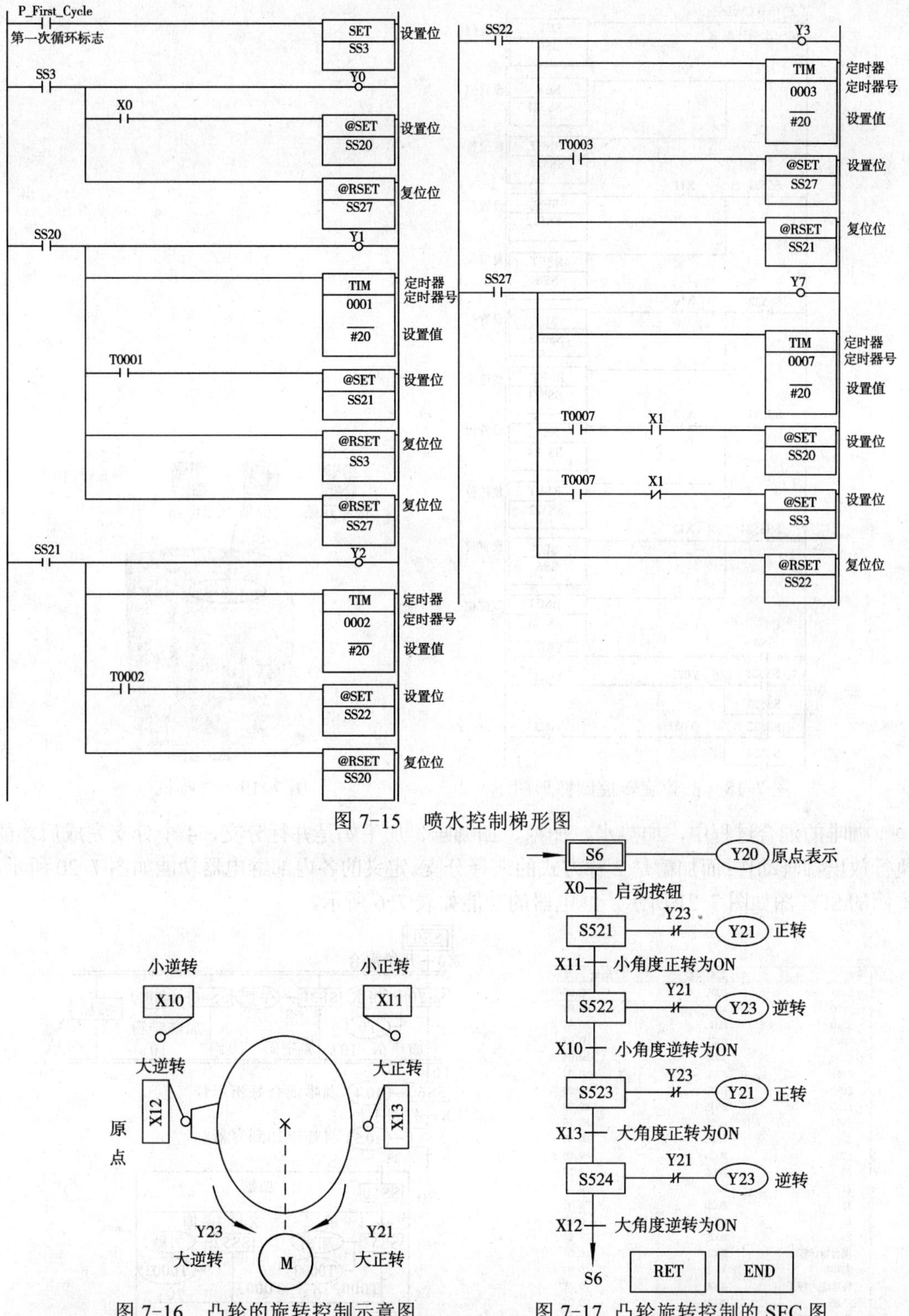

图 7-15　喷水控制梯形图

图 7-16　凸轮的旋转控制示意图

图 7-17　凸轮旋转控制的 SFC 图

【案例 7.3】咖啡机的动作过程是加热水、加糖、加咖啡、加牛奶；当然顾客还可以选择不要糖、加 1 份糖和加 2 份糖，如图 7-19 所示。

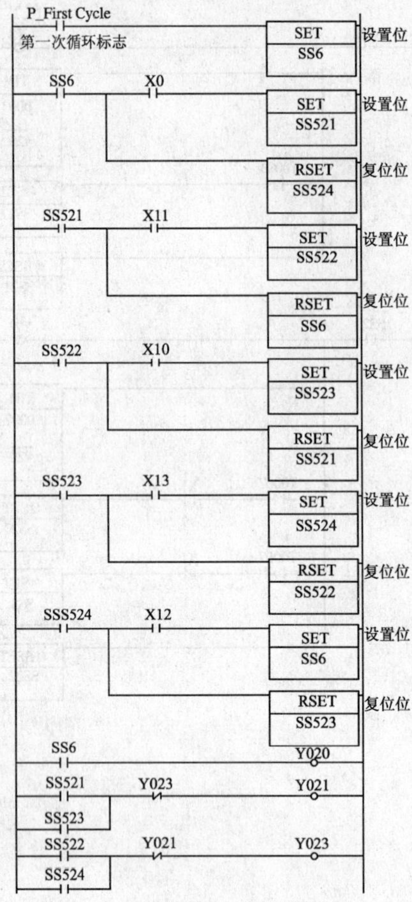

图 7-18　凸轮旋转控制梯形图

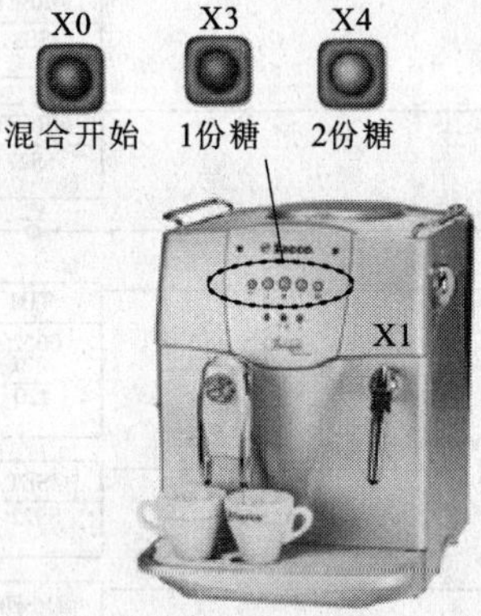

X0　X3　X4
混合开始　1份糖　2份糖
X1

图 7-19　咖啡机

咖啡的混合过程中，加热水、加糖、加咖啡、加牛奶是并行分支，4 个分支完成后才能执行放出咖啡动作；而加糖是 2 种方式的选择分支。定义的各内部继电器功能如图 7-20 所示，本例的 SFC 图如图 7-21 所示，继电器的功能如表 7-6 所示。

名称	数据类型	地址 / 值
SS0	BOOL	H0.00
SS20	BOOL	H0.01
SS30	BOOL	H0.02
SS40	BOOL	H0.03
SS50	BOOL	H0.04
SS51	BOOL	H0.07
SS52	BOOL	H0.08
SS53	BOOL	H0.09
SS54	BOOL	H0.10
SS60	BOOL	H0.05
SS61	BOOL	H0.06
X0	BOOL	0.00
X1	BOOL	0.01
X2	BOOL	0.02
X3	BOOL	0.03
X4	BOOL	0.04
混合指示灯	BOOL	10.04
咖啡粉	BOOL	10.03
咖啡注入杯子	BOOL	10.05
牛奶	BOOL	10.01
热水	BOOL	10.00
糖	BOOL	10.02

图 7-20　内部继电器功能

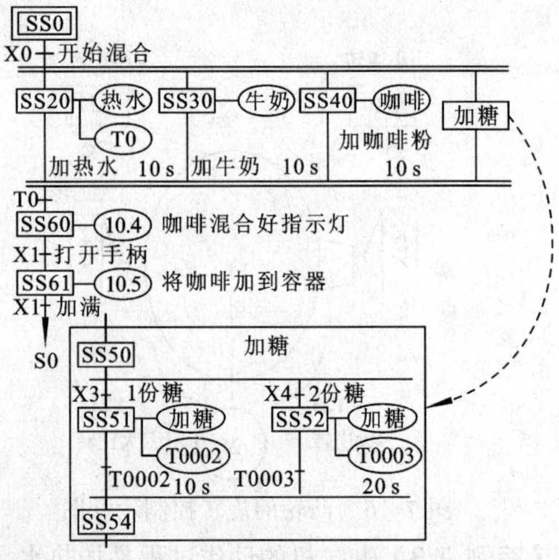

图 7-21　咖啡混合的 SFC 图

表 7-6 咖啡机控制输入输出继电器功能

继电器	功 能	继电器	功 能
10.00	加热水	0.00	启动混合
10.01	加牛奶	0.01	放出手柄
10.02	加咖啡粉	0.03	加一份糖选择
10.03	加糖	0.04	加两份糖选择
10.04	混合完成指示灯		
10.05	放出咖啡		

对应于 SFC 图的梯形图程序如图 7-22 所示。

用户按下混合按钮 X0 后，开始加热水、加咖啡粉、加牛奶，加注时间都为 10 s、加糖可选择 1 份或 2 份，加糖完成后指示灯 y4 亮，接通 X1 即可将混合好的咖啡注入容器中，断开 X1 则停止注入，程序回到初始步 SS0。

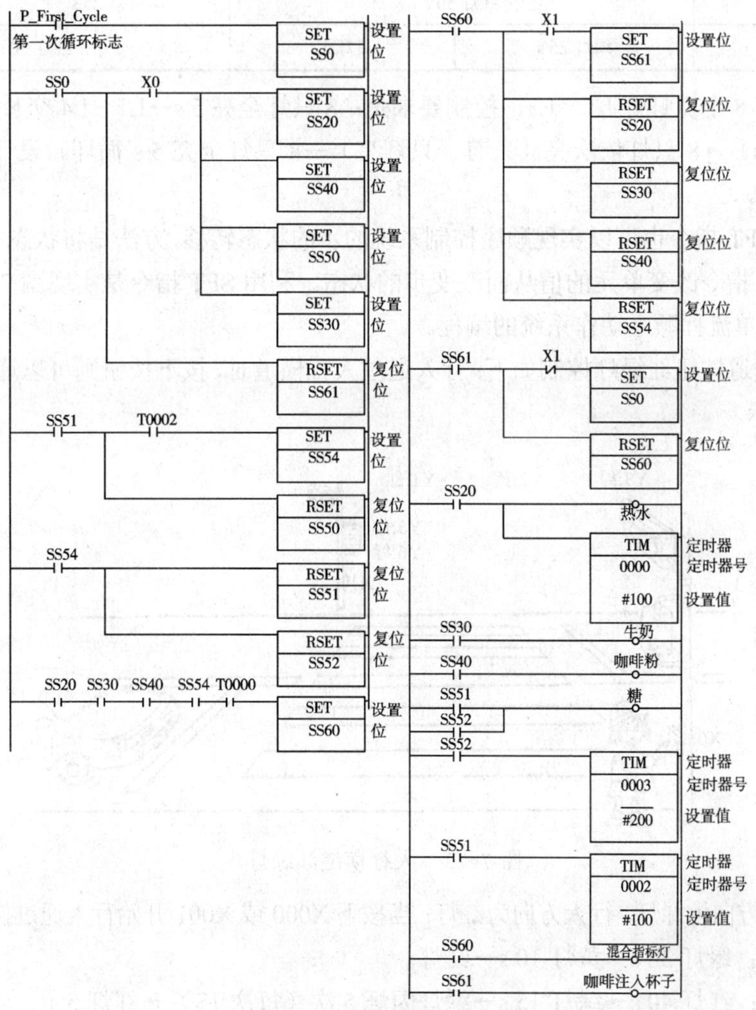

图 7-22 咖啡混合的梯形图

小　结

顺序控制是 PLC 控制系统规范化设计的主要技术之一，欧姆龙小型 PLC 未提供顺序控制类指令，采用常规指令也可以实现顺序控制系统的设计。设计的方法是依据系统的要求设计 SFC 图，程序的结构有单序列、分支选择和并行分支与汇总三大类。编写的方法有 SET/RSET 指令方式和自锁方式两种。依据 SFC 图编写梯形图程序，程序一般分为两块：一块实现 SFC 图中步的状态转移，另一块实现步的执行动作。

习　题

1. 交通信号灯的控制要求是：系统加电后开始运行，模式如表 7-7 所示。设计该系统的 SFC 图并采用 SET/RSET 指令编写梯形图程序。

表 7-7　习题 1 控制流程

东西向	红灯 30 s		绿灯 25 s	黄灯 5 s
南北向	绿灯 25 s	黄灯 5 s	红灯 30 s	

2. 系统有 8 个霓虹灯 L1～L8，控制要求是：8 只灯全亮 5 s→L1～L4 交替 L5～L8 亮灭 5 次（每次 1 s）→8 只灯依次亮（只有一只灯亮）→8 只灯全亮 5 s 循环。设计 SFC 图并编写梯形图程序。

3. 采用 SFT 指令也可以实现顺序控制系统的步的状态转移，方法是将状态存储一个单元中，通过 SFC 指令改变单元的值从而改变步的状态。利用 SFT 指令是实现图 7-1 所示红灯、绿灯、黄灯的单流程顺序动作系统的编程。

4. 人行横道按钮红绿灯控制如下：行人通过人行横道时，按下按钮则可以通过人行横道，如图 7-23 所示。

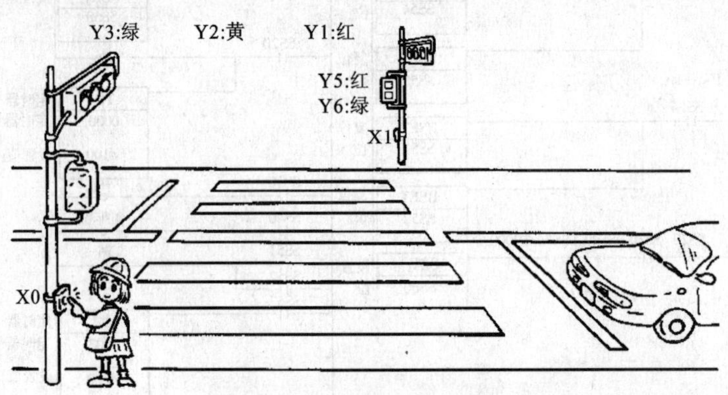

图 7-23　人行横道红绿灯

通常车道方向为绿灯，行人方向为红灯；当按下 X000 或 X001 开始行人通过控制过程如下：

车道方向：绿灯 30 s→黄灯 10 s→红灯。

行人方向：红灯 40 s→绿灯 15 s→绿灯闪烁 5 次（每次 1S）→红灯 5 s。

SFC 图如图 7-24 所示，编写梯形图程序。

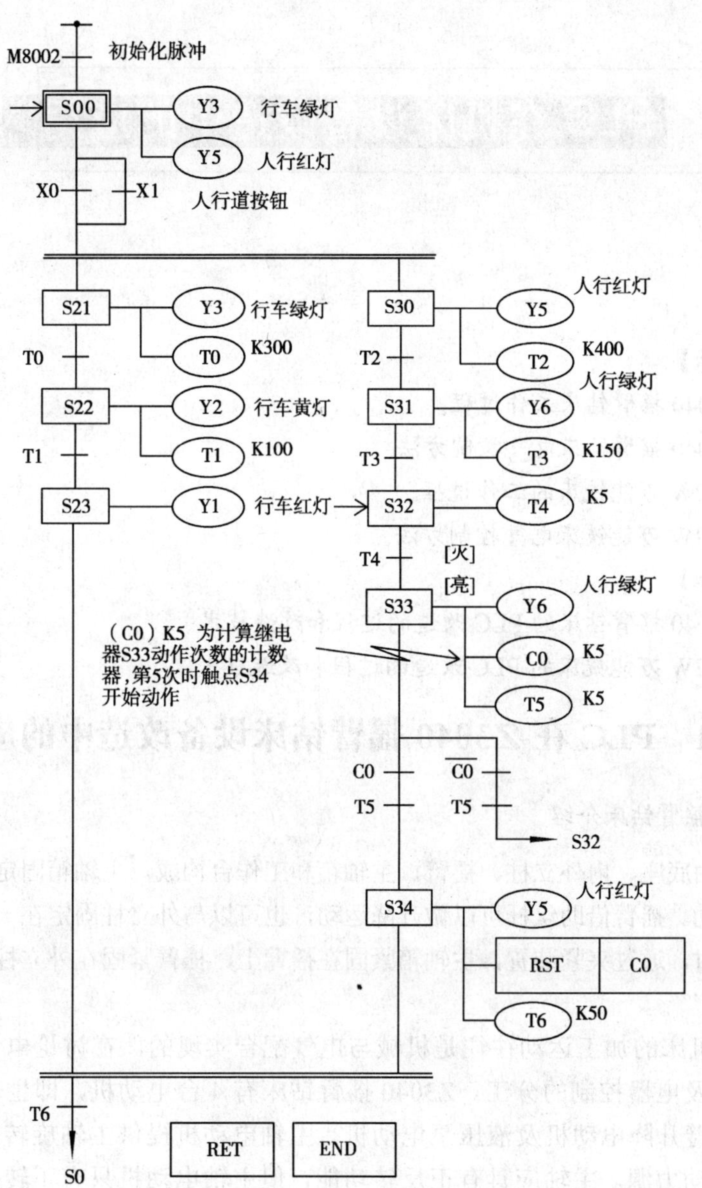

图 7-24　人行横道红绿灯 SFC 图

第8章 PLC在机床设备改造中的应用

【知识目标】

- 了解Z3040摇臂钻床工作过程。
- 了解Z3040摇臂钻床电气控制方法。
- 了解X62W万能铣床的工作过程。
- 了解X62W万能铣床电气控制方法。

【能力目标】

- 掌握Z3040摇臂钻床的PLC改造的过程和改造技术。
- 掌握X62W万能铣床的PLC改造的过程和改造技术。

8.1 PLC在Z3040摇臂钻床设备改造中的应用

1. Z3040摇臂钻床介绍

摇臂钻床由底座、内外立柱、摇臂、主轴箱和工作台构成。主轴箱固定在摇臂上，可以沿摇臂径向运动。摇臂借助丝杆可以做升降运动，也可以与外立柱固定在一起，沿内立柱旋转。钻削加工时，通过夹紧装置，主轴箱紧固在摇臂上，摇臂紧固在外立柱上，外立柱紧固在内立柱上。

机械加工机床的加工运动往往是机械与电气配合实现的。在讨论电气电路之前需弄清电器的设置及电器控制的分工。Z3040摇臂钻床有4台电动机，即主轴电动机、冷却泵电动机、摇臂升降电动机及液压泵电动机。主轴电动机提供主轴旋转的动力，是钻床加工主运动的动力源。主轴应具有正反转功能，但主轴电动机只有正转工作模式，故反转由机械方法实现。冷却泵电动机用于提供冷却液，只需正转。摇臂升降电动机提供摇臂升降的能力，需正反转。液压泵电动机提供液压油，用于摇臂、立柱和主轴箱的夹紧和松开，需要正反转。

Z3040摇臂钻床的操作主要是通过手轮及按钮实现。手轮用于主轴箱在摇臂上的移动，这是手动的。按钮用于主轴的启动、停止；摇臂的上升、下降；立柱上主轴箱的放松及夹紧等操作，再配合限位开关完成机床调节的各种动作。图8-1中标出了Z3040摇臂钻床的电器布置，电器元件表如表8-1所示。以继电器构成的电气原理图如图8-2所示。

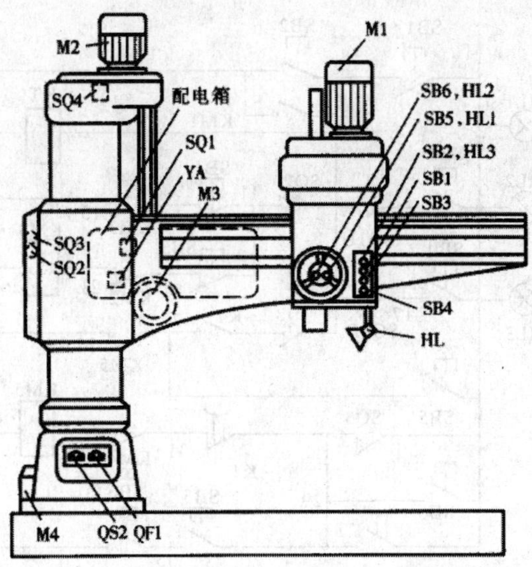

图 8-1　摇臂钻床外观及电气设备分布

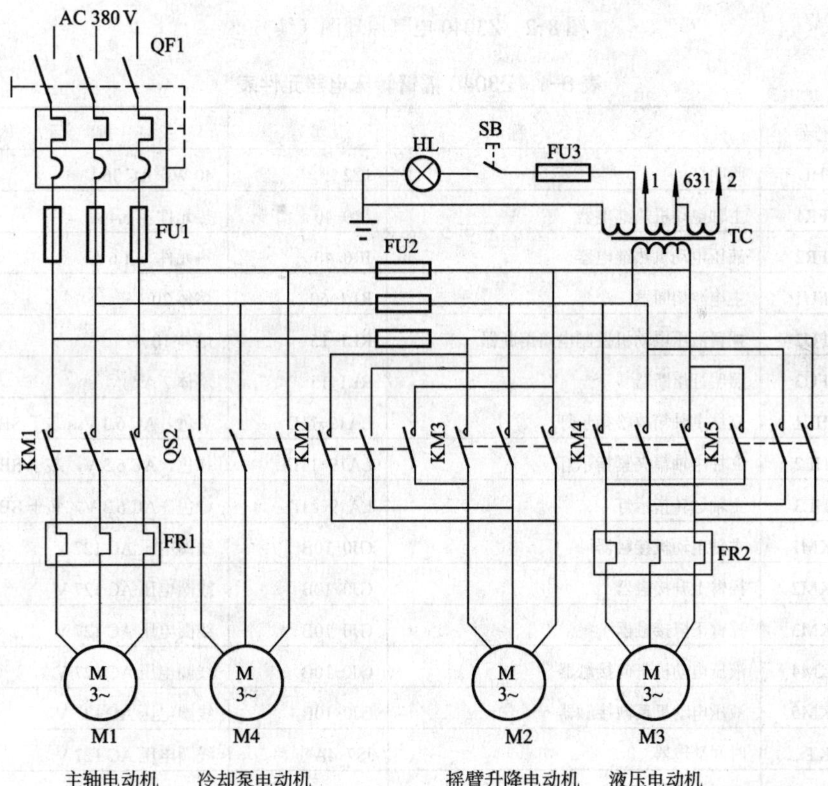

（a）摇臂转床主电路图

图 8-2　Z3040 电气原理图

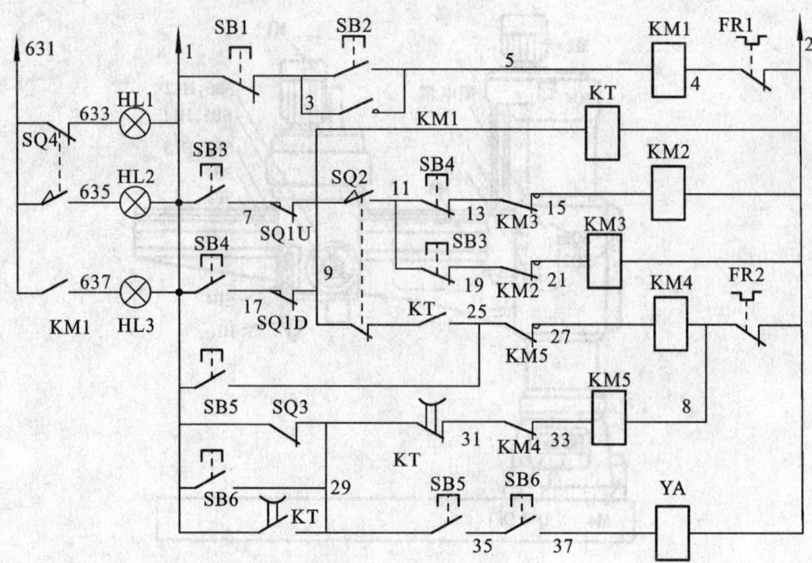

（b）摇臂转床控制电路图

图 8-2　Z3040 电气原理图（续）

表 8-1　Z3040 摇臂转床电器元件表

序号	符号	名　　　称	型号	规　　　格
1	HL	照明灯	JC2	40 W，AC 36 V
2	FR1	主轴电动机热继电器	JR0-40	热元件 4~6.4 A
3	FR2	液压电动机热继电器	JR0-40	热元件 1~1.6 A
4	FU1	主电源熔断器	RL1-60	熔体 20 A
5	FU2	摇臂液压电动机控制电路熔断器	RL1-15	熔体 10 A
6	FU3	照明灯熔断器	RL1-15	熔体 2 A
7	HL1	立柱主轴箱放松指示灯	LA19-11D	黄色，AC 6.3 V，装于 SB5 内
8	HL2	立柱主轴箱夹紧指示灯	LA19-11D	绿色，AC 6.3 V，装于 SB6 内
9	HL3	主轴运转指示灯	LA19-11D	绿色，AC 6.3 V，装于 SB2 内
10	KM1	主轴电动机接触器	GJ0-10B	线圈电压 AC 127 V
11	KM2	摇臂上升接触器	GJ0-10B	线圈电压 AC 127 V
12	KM3	摇臂下降接触器	GJ0-10B	线圈电压 AC 127 V
13	KM4	液压电动机正向接触器	GJ0-10B	线圈电压 AC 127 V
14	KM5	液压电动机反向接触器	GJ0-10B	线圈电压 AC 127 V
15	KT	时间继电器	JS7-4A	线圈电压 AC 127 V
16	M1	主轴电动机	J0-32-4，T2	3 kW，AC 380 V，6.5 A，1 430 r/min
17	M2	摇臂升降电动机	J02-21-4，T2	1.1 W，AC 380 V，2.68 A，1 410 r/min
18	M3	液压电动机	J02-11-4,T2	0.6 kW，AC 380 V，1.62 A，1 380 r/min
19	M4	冷却泵电动机	JCB-22	0.25 kW，AC 380 V，0.43 A，2 790 r/min
20	QF1	主电源空气开关	HZ2-25/3	板后接线

续表

序号	符号	名　　　　称	型号	规　　格
21	QS2	冷却泵电动机组合开关	HZ2-10/3	板后接线
22	SB	照明灯开关		装于照明灯上
23	SB1	主轴停止按钮	LA19-11	绿
24	SB2	主轴启动按钮	LA19-11D	带绿色指示灯（HL3）
25	SB3	摇臂上升按钮	LA19-11	红
26	SB4	摇臂下降按钮	LA19-11	黄
27	SB5	立柱主轴箱放松按钮	LA19-11D	带黄色指示灯（HL1）
28	SB6	立柱主轴箱夹紧按钮	LA19-11D	带绿色指示灯（HL2）
29	SQ1	上下限位组合开关	HZ4-22	
30	SQ2	摇臂松开行程开关	LX5-11	
31	SQ3	摇臂夹紧行程开关	LX5-11	
32	SQ4	立柱主轴箱夹紧行程开关	LX3-11K	
33	TC	控制变压器	BK-150	AC 380/127 V，36 V，6.3 V
34	YA	液压电磁阀	MQJ1-3	线圈电压 AC 127 V

2. Z3040 摇臂钻床的动作

如图 8-2 所示，380 V 交流电源经转换开关 SQl，进入电动机主电路和控制电路的电源变压器 TC。主轴电动机 M1 由接触器 KMl 控制，摇臂升降电动机 M2 由接触器 KM2 和 KM3 控制，液压电动机 M3 由接触器 KM4 和 KM5 控制，冷却泵电动机 M4 功率较小，由组合开关 QS2 手动控制。机床操作情况如下：

① 按下主轴启动按钮 SB2，接触器 KM1 得电吸合且自保持，主轴电动机 M1 运转。按下停止按钮 SB1，主轴电动机停止。

② 需要摇臂上升时，按下摇臂上升按钮 SB3，时间继电器 KT 得电，瞬时动合触点闭合和瞬时闭合延时打开的动合触点闭合，使接触器 KM4 和电磁阀 YA 动作，液压电动机 M3 启动。液压油进入摇臂装置的油缸，使摇臂松开，待完全松开后，行程开关 SQ2 动作，其动断触点断开，使接触器 KM4 失电释放，液压电动机 M3 停止运转，其动合触点接通使接触器 KM2 得电吸合，摇臂升降电动机 M2 正向启动，带动摇臂上升。摇臂上升到所需的位置后，松开上升按钮 SB3，时间继电器 KT、接触器 KM2 失电释放，摇臂升降电动机 M2 停止运转，摇臂停止上升。延时 1～3 s 后，时间继电器 KT 的动断触点闭合，动合触点断开，但由于夹紧行程开关 SQ3 处于导通状态，故 YA 继续处于吸合状态；接触器 KM 吸合，液压电动机 M3 反转启动，向夹紧装置油缸中反向注油，使夹紧装置动作。夹紧完毕后，行程开关 SQ3 动作，接触器 KM5 失电释放，液压电动机 M3 停止运转，电磁阀 YA 断电。时间继电器 KT 的作用是配合 SB3 延缓摇臂停止时上升，避免因摇臂惯性上升中突然夹紧。

③ 需要摇臂下降时，按下摇臂下降按钮 SB4，动作过程与摇臂上升时相似。

④ 立柱和主轴箱同时夹紧和同时松开。按下立柱和主抽箱松开按钮 SB5，接触器 KM4

得电吸合，液压电动机 M3 正向启动，由于电磁阀 YA 没有得电，处于释放状态，所以液压油经 2 位 6 通阀分配至立柱和主轴箱松开油缸，立柱和主轴箱夹紧装置松开。按下立柱和主轴箱夹紧按钮 SB6，接触器 KM5 得电吸合，M3 反向启动，液压油分配至立柱和主轴箱夹紧油缸，立柱和主轴箱夹紧装置夹紧。

⑤ 摇臂升降限位保护是靠上、下限位开关 SQlU 和 SQlD 实现的。上升到极限位置后，SQlU 动断触点断开，摇臂自动夹紧，同松开上升按钮 SB3 动作相同；下降到极限位置后，SQlD 动断触点断开，摇臂自动夹紧，同松开下降按钮 SB4 动作相同。

3. Z3040 型摇臂钻床的 PLC 改造

采用 PLC 的 Z3040 型摇臂钻床的操作及功能应与采用继电器控制电路完全一致。机床原配的按钮、限位开关、变压器、指示灯、热继电器、接触器等电器均需保留。作为主要操作器件的按钮及限位开关要接入 PLC 的输入端子，每个(组)触点占用一个输入端子；作为主要执行器件的接触器及电磁阀线圈要接入 PLC 的输出端子，每个(组)线圈也要占一个输出端子；指示灯也应接入输出端子，如控制触点在硬件连接上与其他控制功能不冲突无须程序控制，不接入 PLC 也是可以的，本方案采用不接入。热继电器也有接入 PLC 与不接入 PLC 两种方式，不接入 PLC 输入端子时，可直接将热继电器的触点和相关接触器的线圈串起来；接入输入端子时，则需通过程序设置热继电器的控制功能。本方案热继电器采用不介入 PLC 输入端子的连接方案。此外，原电路接触器 KM2 与 KM3、KM4 与 KM5 之间均设有互锁触点，考虑到硬件互锁比软件互锁更可靠，它们的互锁也设在 PLC 外。Z3040 型摇臂钻床 PLC 改造需要输入端子 14 个及输出端子 6 个，据此选用欧姆龙 CPM2AH 系列 40 点的 PLC，这是一种具有 24 个输入端子及 16 个输出端子的 PLC，输出端子为继电器型。

PLC 控制系统的硬件连接如图 8-3 所示，各端字的标号都标在了图上。选用定时器 T37 代替原电路中 KT，另外编程需要还选择 200.00 及 200.01 两个内部继电器。

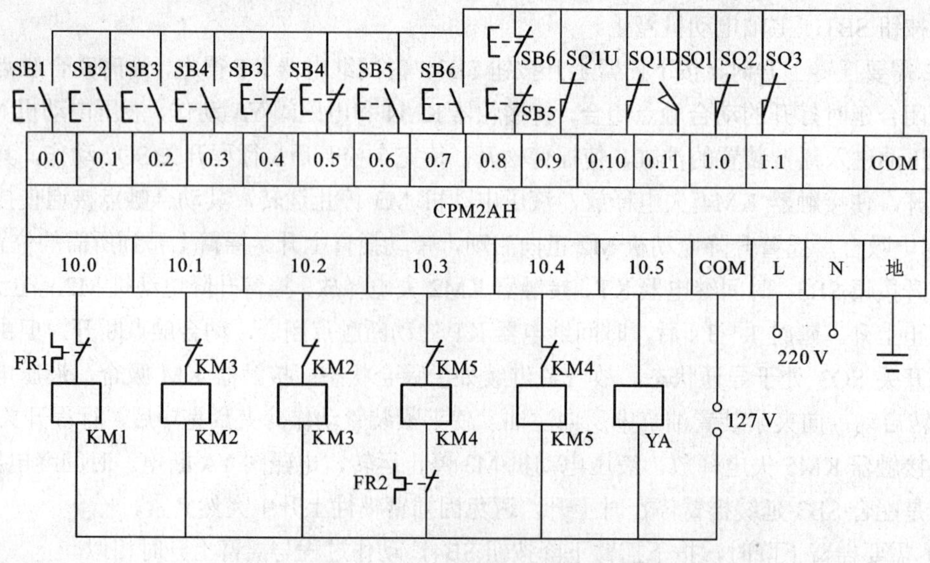

图 8-3　摇臂钻床的 PLC 控制接线图

设计并调试成功的 Z3040 型摇臂钻床 PLC 控制程序如图 8-4 所示。

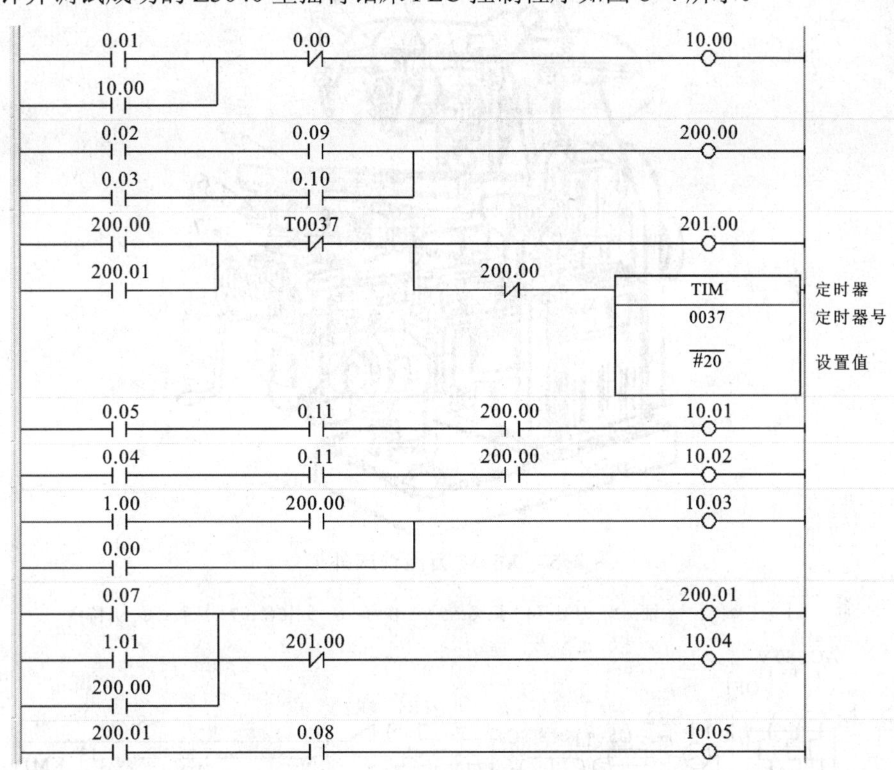

图 8-4　Z3040 型摇臂钻床 PLC 控制程序

8.2　PLC 在 X62W 万能铣床设备改造中的应用

1. 铣床的电气控制原理

铣床使旋转的铣刀在工件上平移，可以加工槽、平团、斜面及成型表面等，是一种较为精密的加工设备。

X62W 万能铣床由底座、床身、主轴、横梁、刀杆、升降台、横溜板、回转盘和工作台组成。工件放置在工作台上，工作台可以纵向移动。工作台放置在可以转动的回转盘上，回转盘放置在可以横向移动的横溜板上，而横溜板又放置在可以上下移动的升降台上。因此，工作台能够前后、左右、上下多个方向运动。

工作台的运动方式分 3 种：手动、常速进给和快速移动。进给电动机为进给运动和快速移动提供动力，通过机械挂挡实现不同的运动速度。铣床的主运动为铣刀的转动，由主轴电动机提供动力。加工过程中不需改变转向及速度。

X62W 万能铣床外形如图 8-5 所示，X62W 万能铣床的控制电路如图 8-6 所示。

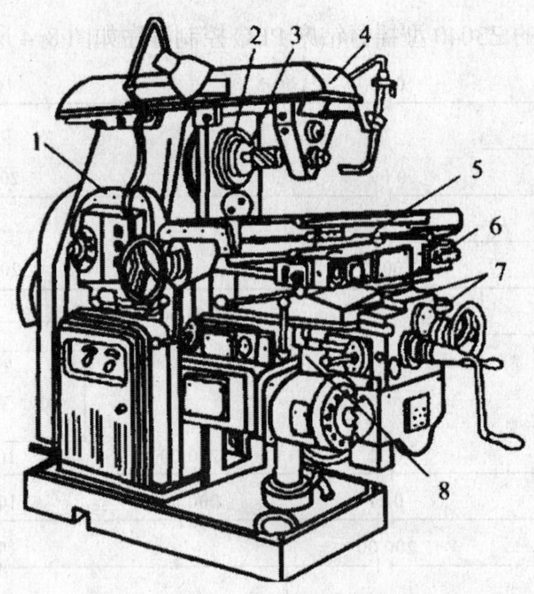

图 8-5　X62W 万能铣床外形

1—床身；2—主轴；3—刀架；4—悬梁；5—工作台；6—回转盘；7—床鞍；8—升降台

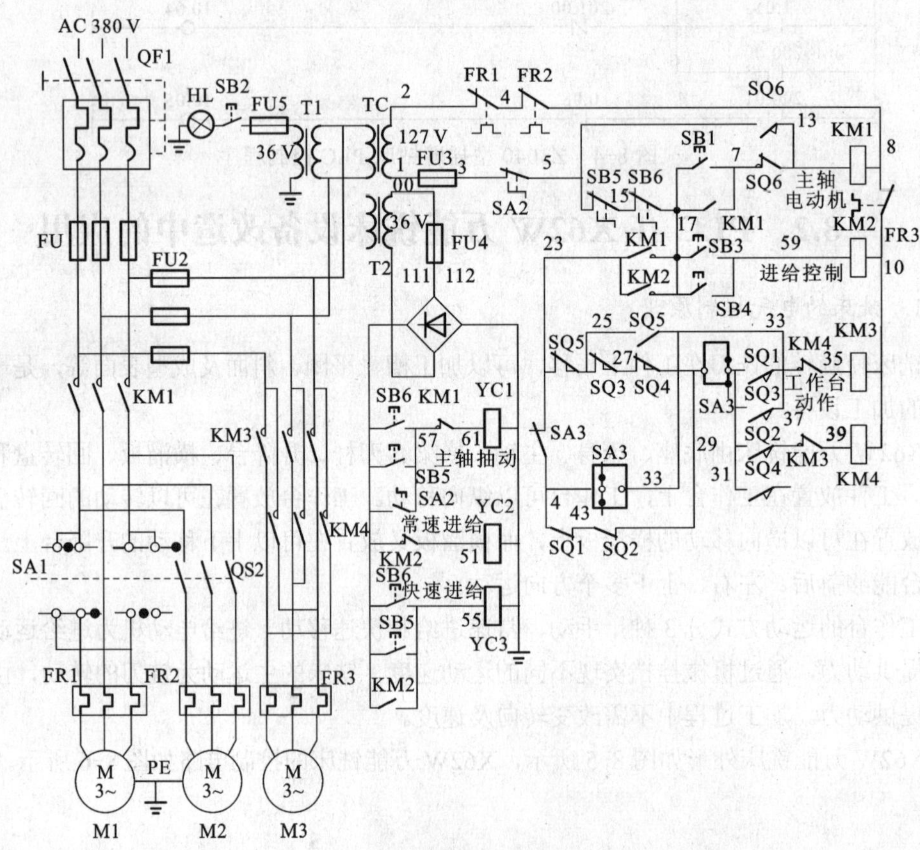

图 8-6　X62W 万能铣床的控制电路

M1—主轴电动机；M2—冷却泵电动机；M3—进给电动机

铣床共有 3 台电动机，分别是主轴电动机 M1、冷却泵电动机 M2 和进给电动机 M3。M1 由接触器 KMl 控制，转换开关 SAl 预先选择电动机的转向。M2 受接触器 KM1 控制，同时受手动转换开关 QS2 控制。M3 受正转接触器 KM3 和反转接触器 KM4 控制。铣床电路中有 3 台变压器，分别为照明电路、直流电磁离合器电路和控制电路提供 36 V 和 127 V 交流电源。

在电磁离合器控制电路中，变压器 T2 提供的 AC 36 V 经整流桥 VC 整流成直流。当停止按钮 SB5、SB6 按下，或开关 SA2 打到“主轴箱夹紧”位置时，电磁离合器 YCl 动作，对主轴电动机 M1 进行制动，提高了铣床的操作速度。当快速进给按钮 SB3、SB4 没有按下时，接触器 KM2 处于释放状态，电磁离合器 YC2 得电吸合，带动铣床机械换挡装置，铣床按正常速度做进给运动。当快速进给按钮 SB3、SB4 按下后，接触器 KM2 处于得电吸合状态，电磁离合器 YC2 失电释放，电磁离合器 YC3 得电吸合，带动铣床机械换挡装置，铣床带动溜板快速移动。

在控制电路中，当按下启动按钮 SBl 时，接触器 KM1 得电吸合，主轴电动机按 SAl 预选的方向旋转。此时控制进给电动机 M3 的控制电路得电，为运行做好了准备。按下快速移动按钮 SB3 或 SB4 时，接触器 KM2 动作，带动电磁离合器 YC2、YC3 动作。

控制工作台纵向进给的手柄有向左、向右和停止 3 个挡位。处于停止状态时，SQ1 和 SQ2 的动断触点闭合。当圆工作台转换开关 SA3 处于断开位置时，电源经线号为 5、17、23、4、29 到达 31 号导线，为接触器 KM3 和 KM4 电路提供电源。需要工作台向左进给时，手柄打向左侧，压下行程开关 SQ2，使 SQ2 的动合触点闭合，动断触点断开，这时电源通过 SQ3、SQ4、SQ5 的动断触点接通，接触器 KM4 得电吸合，进给电动机 M3 反转，工作台左向进给。如果手柄打向右侧，则压下行程开关 SQ1，使 SQ1 动合触点闭合，动断触点断开，接触器 KM3 得电吸合，进给电动机 M3 正向旋转，带动工作台向右进给。

控制工作台横向及升降进给手柄有向前、向后、向上、向下和停止 5 个位置，与离合器相联系，前后方向进给与上下方向进给的转换通过手柄带动离合器来实现。处于停止挡位时，SQ3 和 SQ4 的动断触点闭合，电源经线号为 5、17、23、25、27、29 到达 31 号导线，为接触器 KM3 和 KM4 电路提供电源。手柄打在“向前”或“向下”位置时，压下行程开关 SQ3，使 SQ3 的动合触点闭合。动断触点断开，电源由纵向进给行程开关 SQl 和 SQ2 的动断触点提供。同时，接触器 KM3 得电吸合，电动机 M3 正向旋转，驱动工作台向前或向下进给。手柄打在“向后”或“向上”位置时，压下行程开关 SQ4，使 SQ4 的动合触点闭合。动断触点断开，电源由纵向进给行程开关 SQ1 和 SQ2 的动断触点提供。同时，接触器 KM4 得电吸合，电动机 M3 反向旋转，驱动工作台向后或向上进给。

主轴制动开关 SA2 打在制动位置时，切断控制电路电源，使所有电动机停止转动。行程开关 SQ5 为进给电动机冲动而设。SQ6 为主轴电动机冲动而设。冲动类似于电动机点动，便于离合器挂挡。

表 8-2、表 8-3、表 8-4 分别为纵向进给手柄行程开关、横向进给手柄行程开关、圆工作台转换开关导通表。表 8-5 为 X62W 万能铣床电气元件表。图 8-7 为 X62W 万能铣床电气元件分布图。

表 8-2 纵向进给手柄行程开关

触点 \ 位置		向左	停止	向右
SQ1	31~33	−	−	+
SQ1	4~43	+	+	−
SQ2	31~37	+	−	−
SQ2	29~43	−	+	+

注：+表示接通；-表示断开

表 8-3 横向进给手柄行程开关

触点 \ 位置		向左	停止	向右
SQ3	31~33	+	−	−
SQ3	25~27	−	+	+
SQ4	31~37	−	−	+
SQ4	27~29	+	+	−

注：+表示接通；-表示断开

表 8-4 圆工作台转换开关导通表

触点 \ 位置		断开	接通
SA3	29~31	+	−
SA3	4~33	−	+
SA3	23~4	+	−

注：+表示接通；-表示断开

表 8-5 X62W 万能铣床电气元件表

符号	名 称	型号	规 格
HL	照明灯	JC6-2	AC 36 V，螺口带开关
FR1	主轴电动机热继电器	JR0-40	整定值 11.3 A
FR2	冷却泵电动机热继电器	JR0-10	整定值 0.415 A
FR3	进给电动机热继电器	JR0-10	整定值 3.5 A
FU1	主电源熔断器	RL1-60	熔体 30 A
FU2	进给控制熔断器	RL1-15	熔体 10 A
FU3	控制电路熔断器	RL1-15	熔体 4 A
FU4	整流熔断器	RL1-15	熔体 2 A
FU5	照明熔断器	RL1-15	熔体 4 A
KM1	主轴电动机接触器	CJ0-10 A	线圈电压 AC 127 V

续表

符号	名　　称	型号	规　　格
KM2	快速进给接触器	CJ0-20A	线圈电压 AC 127 V
KM3	进给正转接触器	CJ0-10A	线圈电压 AC 127 V
KM4	进给反转接触器	CJ0-10A	线圈电压 AC 127 V
M1	主轴电动机	J02-42-4	5.5 W、1 450 r/min、T2 型
M2	冷却泵电动机	JCB-22	125 W、2 790 r/min
M3	进给电动机	J02-22-4	1.5 W、1 410 r/min、T2 型
QF1	电源开关	HZ10-60/3J	板后接线
QS2	冷却泵开关	HZ10-10/3J	板后接线
SA1	主轴转向转换开关	HZ3-133	
SA2	主轴制动主令开关	LS2-3	
SA3	圆工作台转换开关	HZ10-10/3J	板后接线
SB1	主轴启动按钮	LA19-11	绿
SB3、SB4	快速进给按钮	LA19-11	黑
SB5、SB6	停止按钮	LA18-22	红
SQ1、SQ2	左右进给行程开关	LX1-11K	开启式
SQ3、SQ4	前后升降行程开关	LX3-131	单轮自动复位
SQ5、SQ6	冲动行程开关	LX3-11K	开启式
T1	照明变压器	BK-50	50 VA、AC 380/36 V
T2	整流变压器	BK-100	100 VA、AC 380/36 V
TC	控制变压器	BK-100	100 VA、AC 380/127 V
VC	整流桥	2CZ	100 V、5 A
YC1	主轴制动电磁离合器	B_1DL-Ⅲ	
YC2、YC3	快慢速进给电磁离合器	B_1DL-Ⅱ	

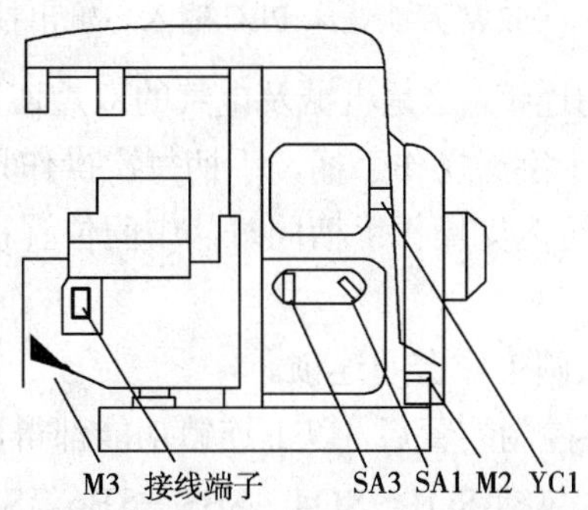

图 8-7　X62W 万能铣床电气元件分布图

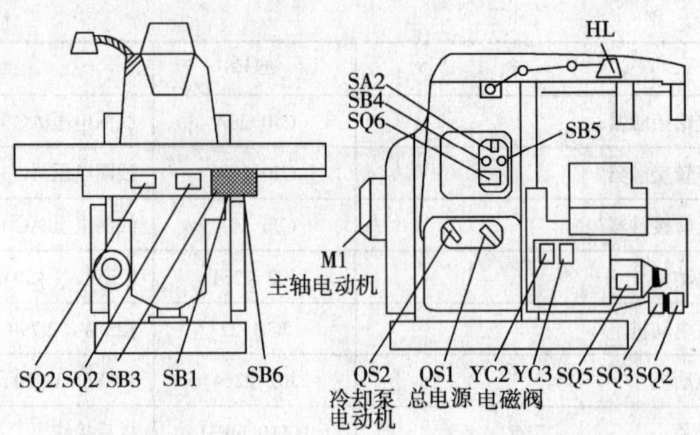

图 8-7　X62W 万能铣床电气元件分布图（续）

2. X62W 万能铣床的 PLC 控制设计

X62W 万能铣床的继电器电路看起来并不复杂，但仔细分析后才知道其中包含了许多联锁环节。

① 主电动机与进给电动机的连锁。这是电气上的连锁，如图 8-8 所示，进给电动机 KM3、KM4 的电源只有当 KM1 或者 KM2 接通时才能接通。

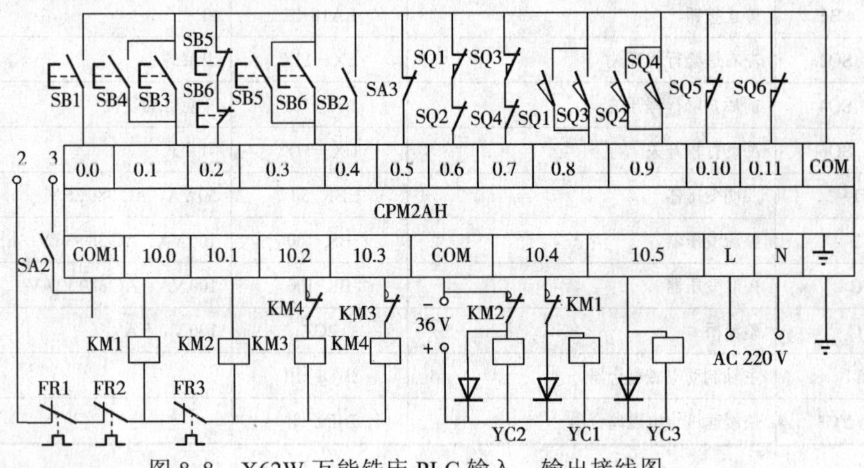

图 8-8　X62W 万能铣床 PLC 输入、输出接线图

② 工作台各进给方向上的连锁。这是机械及电气的双重连锁。工作台纵向进给操作手柄及工作台横向进给操作手柄是十字形操作手柄，手柄每次操作只能拨向某个位置，这是机械连锁。从电路中可以知道，当这两支操作手柄同时从中间位置移开时，KM3 及 KM4 的电源通道即被切断，这是电气连锁。

③ 线性进给运动工作台与圆工作台的连锁。

为了在使用 PLC 作为主要控制装置后，以上连锁功能都得以保留，以上连锁所涉及的器件都需接 PLC 的输入端子，这包括 SQ1～SQ4、SB3～SB6。SA3，由于 SA3 只有断开及接通两个工作位置，它的 3 对触点的状态可以用一对触点的状态表示（在程序中触点状态可以多处使用）。经统计，以上器件再加上各种按钮及冲动开关等器件，铣床控制所需输入端子为 12 个。在具体连接时，原电路中串联及并联连接的触点均在连接后接入，且热继电器触点串在输出器件电路中，不占用输入端子。在考虑输出端子数量时，注意到输出器件有两个电压等级，并将控制逻辑简单的电路，如 KM2 的常闭触点对 YC2 的控制，直接在 PLC 外连接，不再通过 PLC。这样输出端子共 2 组触点。依输入、输出端子的数量及控制功能选取欧姆龙 CPM2AH 系列 PLC，输出接线图如图 8-8 所示，图中接线点“2”及“3”接控制变压器 AC 127 V 处。

使用梯形图设计 X62W 万能铣床 PLC 程序，设计的基本原则仍是“复述”原继电器电路所叙述的逻辑内容。梯形图如图 8-9 所示。

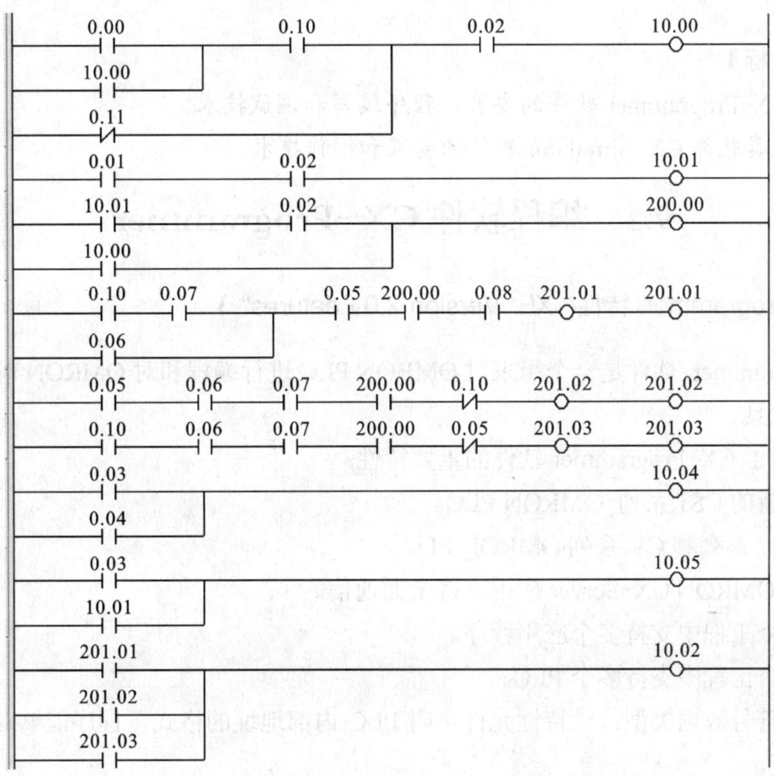

图 8-9　X62W 万能铣床 PLC 控制梯形图程序

小　结

传统机床经过 PLC 改造后可大幅提高机床的稳定性和控制精度，技术上不需要对机床的机械部分做大的处理，只需将原来采用继电器接触器的电气控制线路分析清楚后改用 PLC 进行控制。改造的方法较为简单，原设备的接触器部分保留，而用于控制回路的继电器部分全部拆除改用 PLC 控制，梯形图程序可参照原机床的电气控制图。

习　题

1. 分析 Z3040 摇臂钻床设备进行 PLC 改造前后的优缺点？
2. 分析 X62W 万能铣床设备进行 PLC 改造前后的优缺点？

第9章 欧姆龙 PLC 的编程环境和调试技术

【能力目标】

- 掌握 CX-Programmer 软件的安装、程序编写和调试技术。
- 掌握仿真软件 CX-Simulator 软件的安装和操作技术。

9.1 编程软件 CX-Programmer

9.1.1 CX-Programmer 特性{ XE "Version 2.0 Features" }

CX-Programmer 软件是一个用来对 OMRON PLC 进行编程和对 OMRON PLC 设备配置进行维护的工具。

以下列出了 CX-Programmer 软件的重要特性：

① 支持新的 CS1 系列 OMRON PLC。

② 支持 C 系列和 CV 系列 OMRON PLC。

③ 通过 OMRON CX-Server 应用支持全面通信。

④ 在单个工程中支持多个应用程序。

⑤ 在单个工程中支持多个 PLC。

⑥ 支持符号数据类型，此特性允许声明 PLC 内部地址的格式，程序能够对错误的地址使用进行检查。

⑦ 多处梯形图在线编辑。

⑧ 工作符号的随意自动寻址。

⑨ 以工程层次的形式分层显示一个工程的内容（例如，符号、I/O 表、PLC 设置、记忆卡、错误日志、PLC 内存），这些内容能够被直接访问。

9.1.2 CX-Programmer 的安装

CX-Programmer 的安装过程如下：

① 启动 PC 的操作系统。

② 如果在 PC 上安装了比 CX-Programmer 软件低版本 OMRON PLC 编程软件，卸载该软件。

③ 把 CX-Programmer 软件的安装光盘放进 PC 光驱里。

④ 在文件夹 Disk1 里找到 Setup.exe，如图 9-1 所示，双击该文件图标，将弹出“选择设置语言”对话框，如图 9-2 所示。

图 9-1　CX-Programmer 软件的安装程序

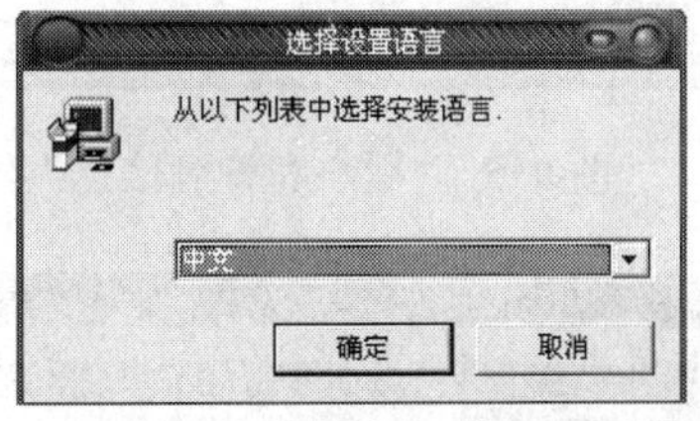

图 9-2　“选择设置语言”对话框

在“选择设置语言”对话框里，可以选择合适的安装界面语言，一般选择“中文”，然后单击“确定”按钮，将自动弹出安装向导，如图 9-3 所示，单击“下一步”按钮。

在图 9-4 所示的“软件许可证协议”中，浏览关于软件安装和使用的一些信息，然后单击“是”按钮继续安装。

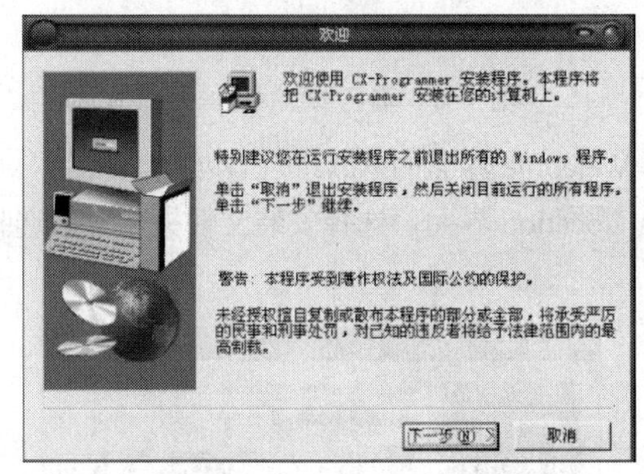

图 9-3　安装向导图

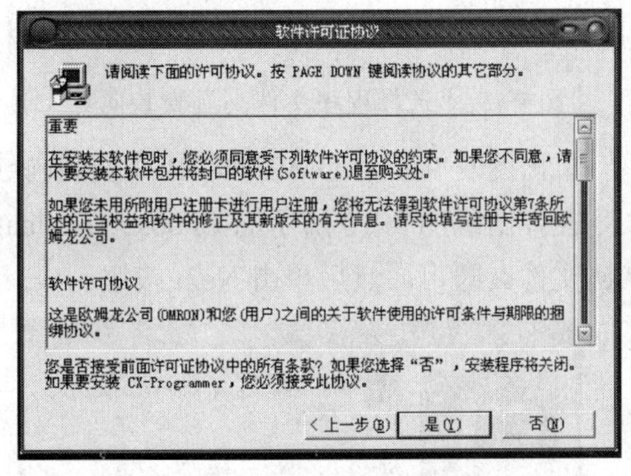

图 9-4　接受软件许可协议

在图 9-5 所示的“用户和许可信息”对话框中，填入“姓名”“公司”和“特许号”，然后单击“继续”按钮，进行下一步安装。

正确填好“特许号”单击“继续”按钮，会弹出如图 9-6 所示“选择目标位置”安装向导，此向导为选择软件安装目录，可以选择想要安装的目录，一般默认即可，单击“下一步”按钮，继续安装。

在图 9-7 所示“选择程序文件夹”安装向导中，要填入的是默认程序保存文件夹，可根据个人需求修改，一般选择默认的文件夹地址，单击“下一步”按钮，继续安装。

此时，会弹出图 9-8 所示的询问题安装 OMRON FB 库安装向导，单击“是”按钮，继续安装。

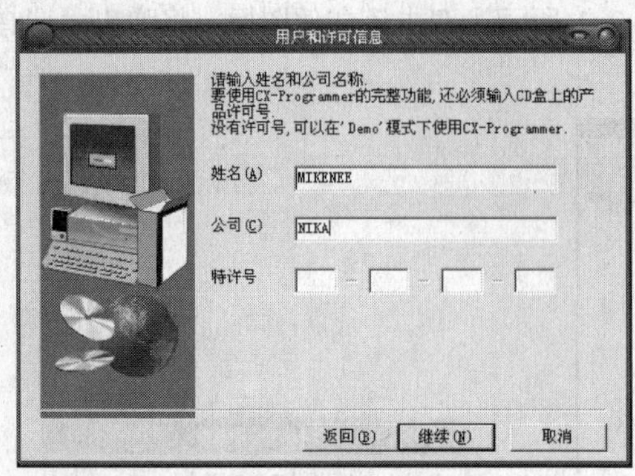

图 9-5 “用户和许可信息”输入框

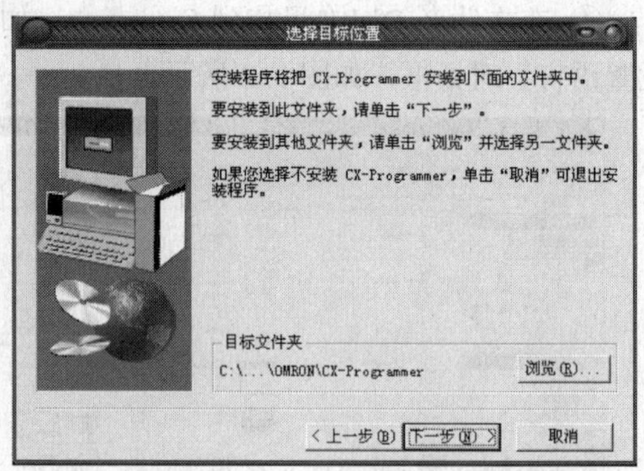

图 9-6 “选择目标位置” 安装向导

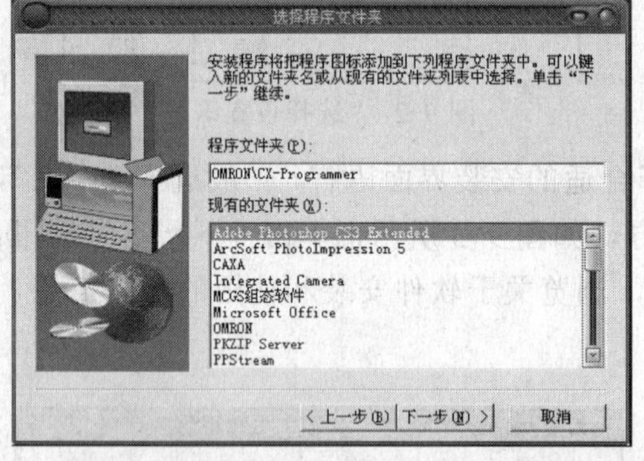

图 9-7 “选择程序文件夹”安装向导

图 9-8 询问安装 OMRON FB 库

单击图 9-9 所示 OMRON FB 库安装向导的 Welcome 界面的 Next 按钮，继续安装。

在弹出的图 9-10 所示的 Choose Destination Location 界面，选择安装文件夹，一般选择默认文件夹即可，然后单击 Next 按钮。

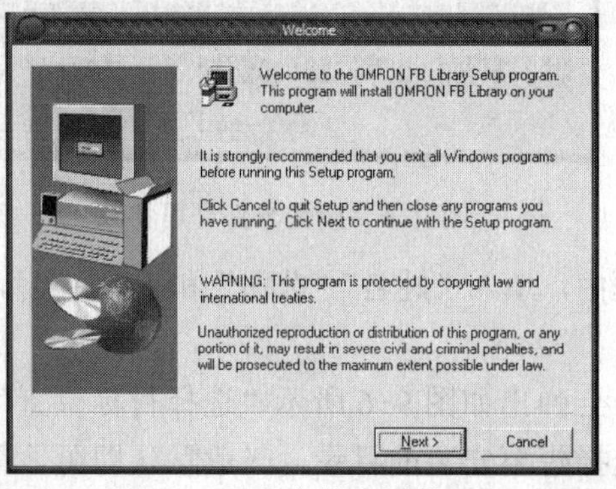

图 9-9 OMRON FB 库安装向导的 Welcome 界面

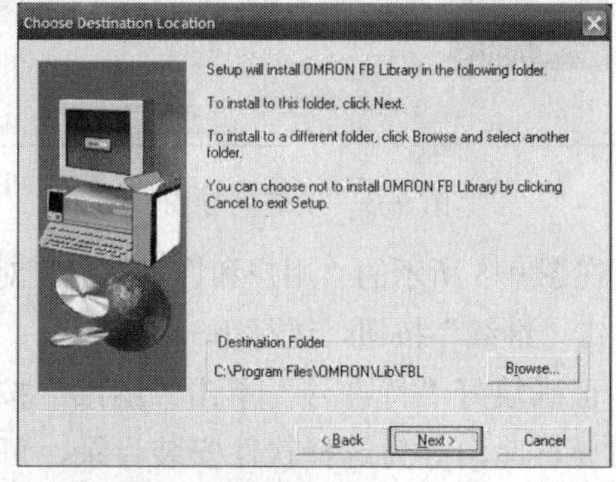

图 9-10 Choose Destination Location 界面

此时，弹出图 9-11 所示的 Stup Complete 界面，表示 OMRON FB 库已经安装完成，单击 Finish 按钮，继续安装。

在图 9-12 所示安装 OMRON CX-Server 向导中，选择是否安装 OMRON CX-Server，一般单击“是”按钮，继续安装。

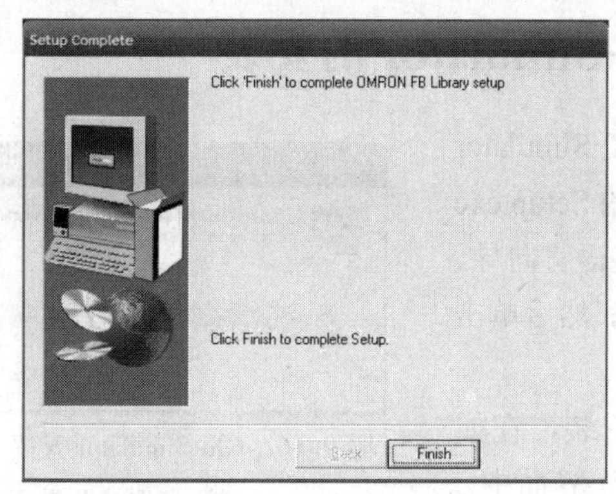

图 9-11　OMRON FB 库安装向导“完成安装”界面

图 9-12　安装 OMRON CX-Server 向导

图 9-13 所示为 OMRON CX-Server 安装向导的“欢迎”界面，单击“下一步”按钮继续安装。

如图 9-14 所示的是选择安装 OMRON CX-Serve 目录，一般默认即可，单击“下一步”按钮继续安装。

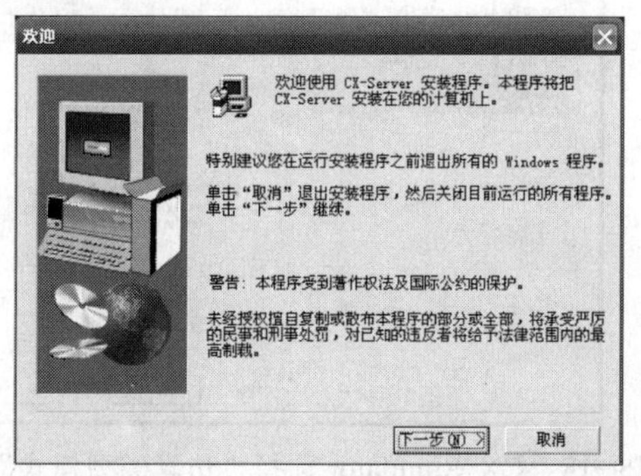

图 9-13　安装 OMRON CX-Server 向导“欢迎”界面

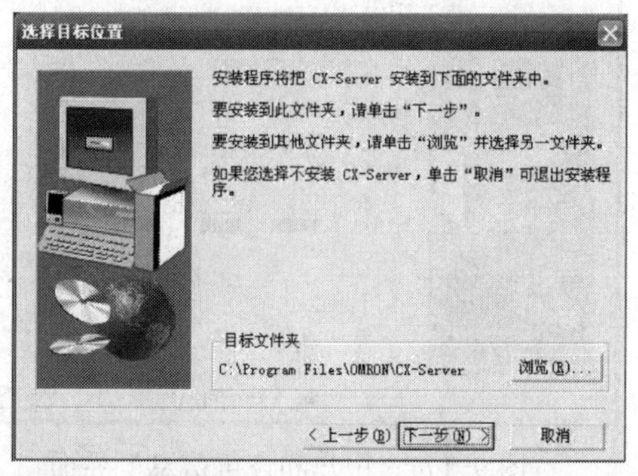

图 9-14　安装 OMRON CX-Server 向导选择安装文件夹“目标位置”界面

图 9-15 所示安装 OMRON CX-Server 向导“安装完毕”界面表示 CX-Programmer 软件已经安装完毕，单击“完成”按钮，完成安装。

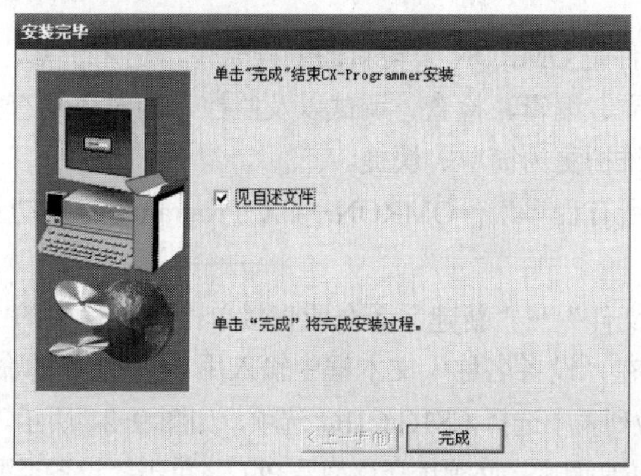

图 9-15　CX-Programmer 软件经安装完毕界面

9.2 仿真软件 CX-Simulator 的安装

打开 CX-Programmer 软件安装光盘的 CX-Simulator 文件夹，找到 Disk1 文件夹，双击该文件夹下的 Setup.exe 文件，进入如图 9-16 所示的 CX-Simulator 安装语言向导。安装语言有日语和英语两种，一般选择 English，然后单击“OK”按钮，继续安装。

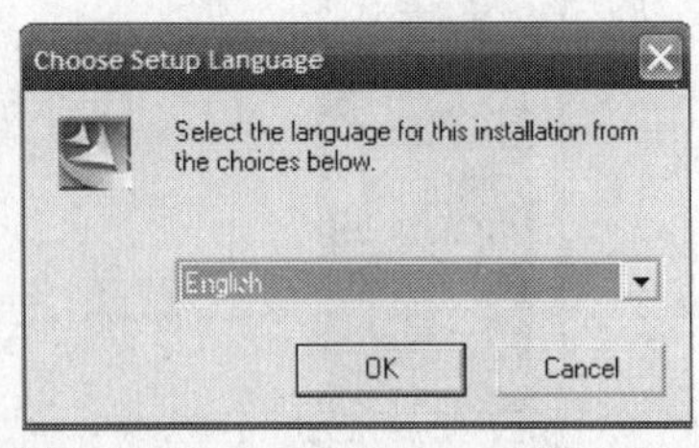

图 9-16 CX-Simulator 安装向导“语言选择”界面

选择好安装语言后，按照向导提示继续安装，在如图 9-17 所示的“user and Licence Information”界面中，填好 Licence 后，单击 Next 按钮，系统确认为正确的序列号后，继续安装。

在图 9-18 中选择仿真类型模式向导，一般选择“For online with CX-Programmer”模式，单击 Next 按钮，继续安装，依据向导提示，直至安装完成。

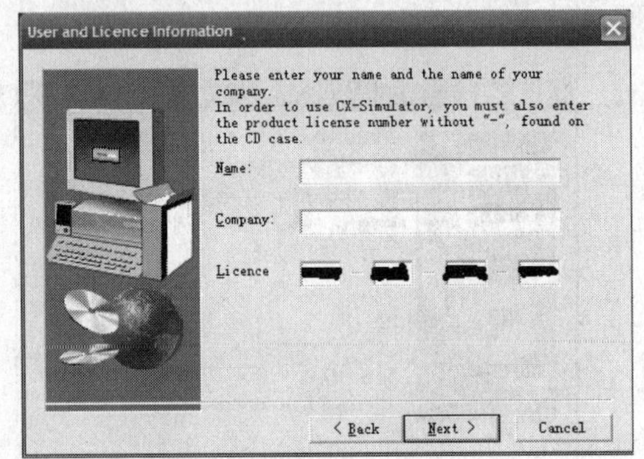

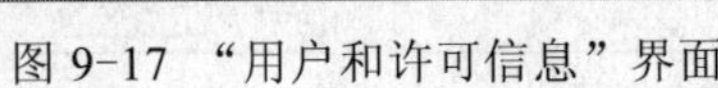
图 9-17 “用户和许可信息”界面

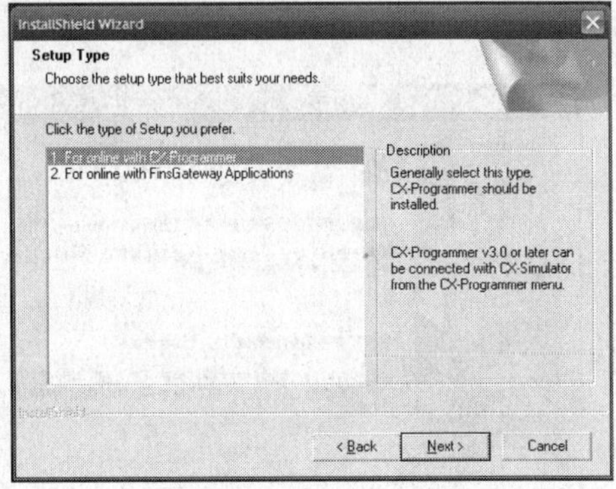

图 9-18 CX-Simulator 选择“仿真类型模式”向导

9.3 用 CX-Programmer 和 CX-Simulator 进行 PLC 编程和调试

9.3.1 CX-Programmer 软件界面及菜单

CX-Programmer 软件是 OMRON 公司新的编程软件，适用于 C、CV、CS1 系列 PLC，它可完成用户程序的建立、编辑、检查、调试以及监控，同时还具有完善的维护等功能，使得程序的开发及系统的维护更为简单、快捷。

选择“开始”→“所有程序”→OMRON→CX-Programmer 启动 CX-Programmer，其界面如图 9-19 所示。

选择菜单栏中的“文件”→“新建”命令或直接单击工具栏中的“新建”按钮 🗋，弹出“变更 PLC”对话框，在“设备名称”文本框中输入用户给 PLC 的命名，如图 9-20 所示。

在“设备类型”下拉列表中选择 CS1G/CJ1G 选项，如图 9-21 所示。需要说明的是，如果需要用 CX-Simulator 软件仿真调试，必须选择该型号 PLC。单击“设备类型”的“设定”按钮，选择 CPU 型号 为 CPU45 型，单击“确定”按钮，如图 9-22 所示。

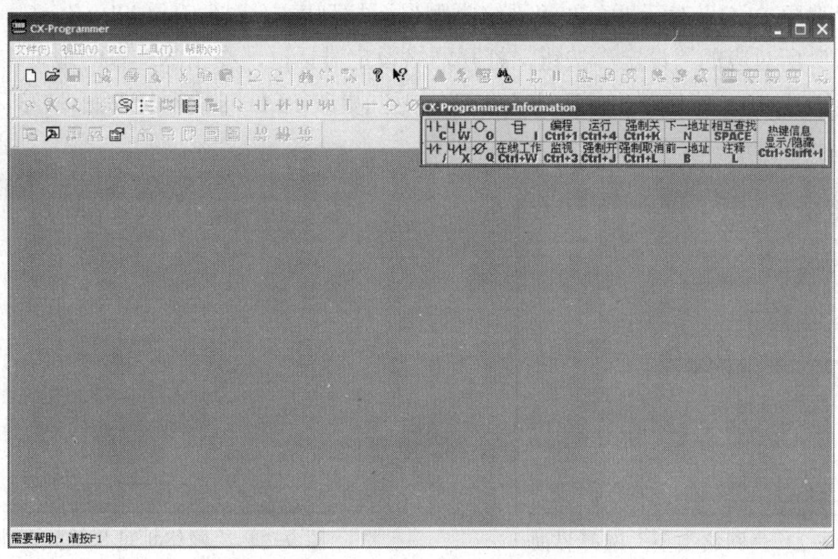

图 9-19　CX-Programmer 软件运行界面

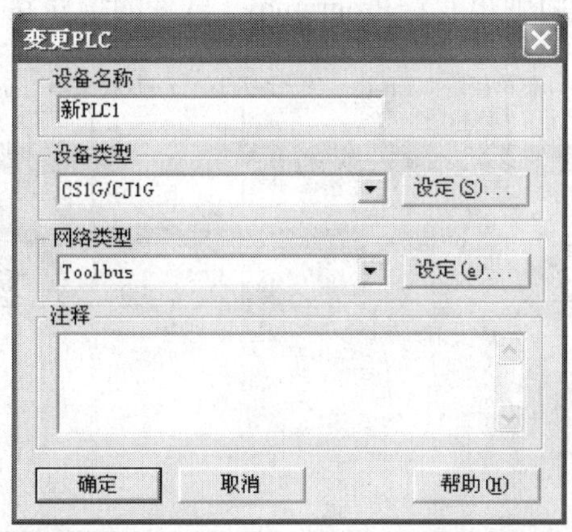

图 9-20　“变更 PLC”对话框

图 9-21　“设备类型”选择界面

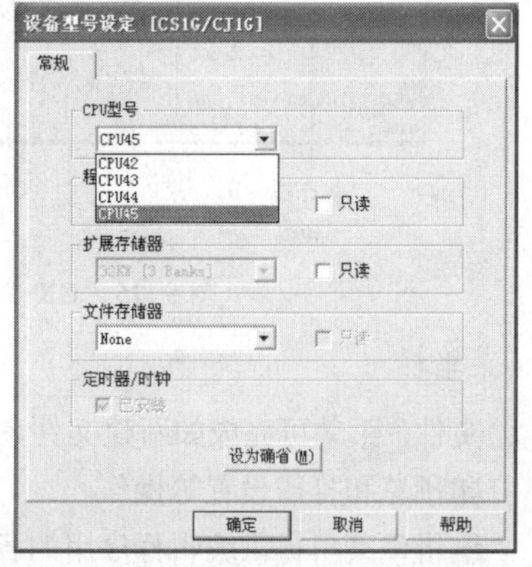

图 9-22　“CPU 型号”选择界面

返回“变更 PLC”对话框，在“网络类型”下拉列表中选择 Controller Link，然后单击“网络类型”所对应的“设定”按钮，打开网络设定对话框，在 FINS 目的地址中将“节”对应的数值改成 10，然后单击“确定”按钮，返回更改 PLC 对话框，如图 9-23 和图 9-24 所示。

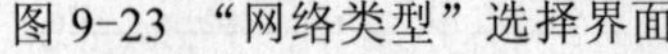

图 9-23 “网络类型”选择界面

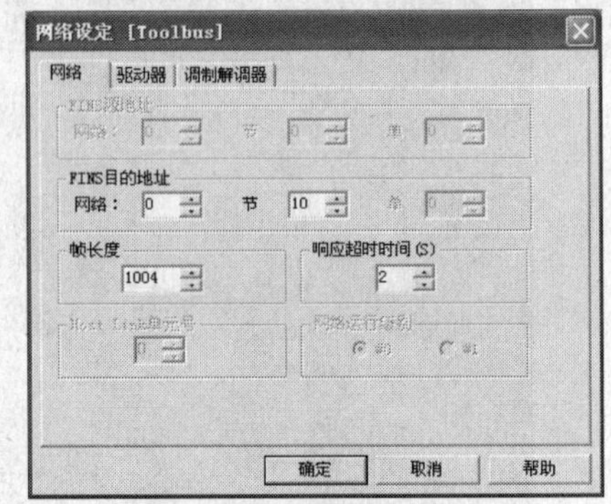

图 9-24 “网络地址”设定界面

CX-Programmer 软件编程界面包含标题栏、菜单栏、工具栏、状态栏、快捷菜单和编程调试窗口。完成以上设置后将弹出 CX-Programmer 软件的编程界面，如图 9-25 所示。

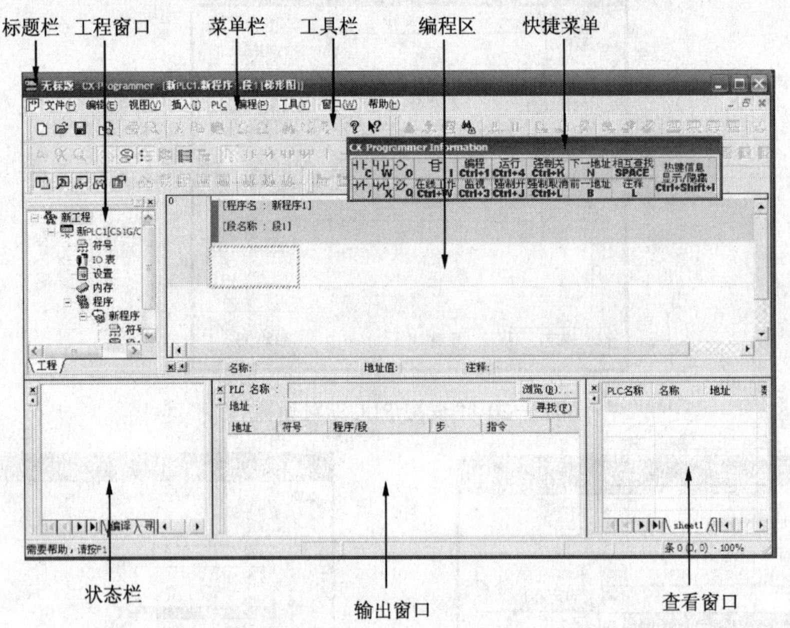

图 9-25 CX-Programmer 软件的编程界面

1. 菜单栏

- “文件”菜单可完成如新建文件、打开文件、关闭文件、保存文件、文件的页面设置、打印预览和打印设置等操作。
- “编辑”菜单提供编辑程序用的各种工具，如选择、剪切、复制、粘贴程序或数据块的操作，以及查找、替换、插入、删除和跳转等功能。

- “视图”菜单可以设置编程软件的开发环境，如选择梯形图或助记符编程窗口，打开或关闭其他窗口（如工程窗口、查看窗口、输出窗口等），显示全局符号表或本地符号表等。
- “插入”菜单可以在梯形图和助记符程序中插入行、列、指令等功能。
- “PLC”菜单用于实现 PC 与 PLC 联机时的一些操作，如设置 PLC 在线或离线工作方式以及编程、调试、监视和运行 4 种工作模式，程序的在线编辑，上载与下载，查看 PLC 的信息等。
- “编程”菜单实现梯形图与助记符程序的编辑。
- “工具”菜单用于设置 PLC 的型号和网络工具、创建快捷菜单，以及改变梯形图的显示内容。
- “窗口”菜单用于设置窗口的排列方式。
- “帮助”菜单可以方便地搜索各种帮助信息，在软件操作过程中，按下 F1 功能键可实现在线帮助。

2．工具栏

工具栏是将 CX-Programmer 软件中最常用的操作以按钮的形式显示，提供更快捷的鼠标操作。可以用“视图”菜单中的“工具栏”选项来显示或隐藏各种按钮。

3．快捷菜单

快捷菜单提供各个常用按钮的键盘快捷键，以方便使用快捷键来编程，节约编程时间。

4．编程调试窗口

- “工程窗口”以分层树状结构显示与工程相关的 PLC 和程序的细节。一个工程可以包含多个 PLC，每个 PLC 包含全局符号表、设置、内存、程序等内容，而每个程序又包含本地符号表和程序段。工程窗口可以实现快速编辑符号、设定 PLC 以及切换各个程序段的显示。
- “状态栏窗口”显示一些有用的信息，如及时帮助、PLC 在线或离线状态、PLC 工作模式、连接 PLC 和 CPU、PLC 连接时的循环时间及错误信息等。
- “输出窗口”显示程序编译结果，以及程序传送结果等信息。
- “查看窗口”可以同时显示多个 PLC 中的某个地址编号的继电器的内容，以及它们的在线工作情况。
- “编程区”是编写程序的主体窗口，可以通过工具栏编写，也可使用快捷键来编写。

9.3.2 快速使用 CX-Programmer 软件

下面通过一个例题来说明 CX-Programmer 软件的编程、编译、下载和调试等过程。

【例】 设计一个抢答器，其要求如下，场上有一主持人和三位队员，当主持人按下抢答开关 0.00 时，开始抢答显示灯 10.00 点亮，哪组先抢到哪组灯就亮，其他组按下按钮对应的灯不亮，只有当主持人关闭抢答开关后抢到的那组灯才灭；甲组队员抢答按钮 0.01，显示按钮 10.01；乙组队员抢答按钮 0.02，显示按钮 10.02；丙组队员抢答按钮 0.03，显示按钮 10.03。

操作步骤如下：

① 新建工程，选择 PLC 类型（本例为 OMRON SYSMAC CPM2A 型号）选择“CPM2*”。

② 仔细审题，利用工具栏指令按钮输入图 9-26 所示的程序

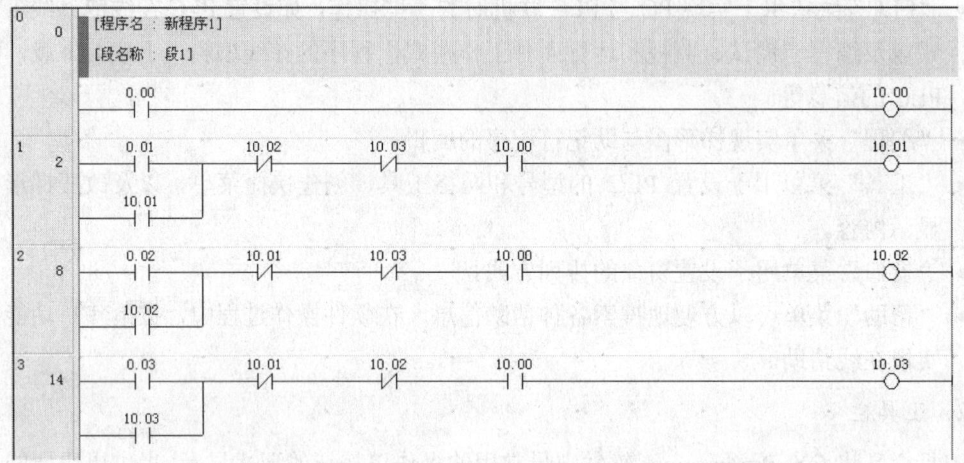

图 9-26　抢答器梯形图

③ 编译程序，在菜单栏编程菜单中单击编译或者在工具栏中单击编译按钮或者使用【Ctrl+F7】组合键进行编译，直到状态栏中显示 0 错误，0 警告。

④ 下载到 PLC，首先在菜单栏 PLC 菜单中单击在线工作或者在工具栏中单击在线工作按钮或者按【Ctrl+W】组合键，连接上后在 PLC 菜单中单击“传送”中的“到 PLC…”或者按【Ctrl+T】组合键进行下载，选择打开监视模式。

⑤ 调试程序，使程序完全符合题目的要求。

9.3.3　使用 CX-Simulator 仿真软件调试程序

CX-Simulator 仿真软件是 OMRON 公司为其 PLC 开发的一款仿真软件，其使用非常简单且很实用。

使用 CX-Simulator 仿真软件调试程序的方法如下：

① 在 CX-Programer 编程软件环境下输入程序，编译程序直至没有语法错误。

② 单击 CX-Programer 编程软件环境下仿真按钮，连接到 CX-Simulator 仿真软件，下载程序到仿真环境。

③ 在 CX-Simulator 仿真软件的调试界面单击开始按钮即可在线仿真，如图 9-27 所示。

图 9-27　CX-Simulator 仿真软件的调试界面

④ 在梯形图程序双击常开或常闭触点可以修改触点的状态，通过这种方式可以模拟 PLC 程序的在线运行。

⑤ 仿真软件运行的 PLC 程序没有逻辑错误后，双击工程窗口中的 新PLC1[CS1G] 停止/程序模式 可更改 PLC 型号，将程序下载到 PLC 再进行联机调试。

通过这种先仿真再联机的调试方法不仅为编程提供了很大的方便，也大大提高了编程的效率。

小　结

本章主要介绍 PLC 编程软件 CX-Programmer 和仿真软件 CX-Simulator 的安装及使用。依据安装向导的提示实现 CX-Programmer 软件和 CX-Simulator 软件的安装，必须先安装实现 CX-Programmer 软件再安装 CX-Simulator 软件。CX-Programmer 是一个用来对 OMRON PLC 进行编程和对 OMRON PLC 设备配置进行维护的工具。CX-Simulator 软件是一个用于对 OMRON PLC 进行仿真调试的工具。

本章最后通过一个抢答器例子简要说明了 OMRON PLC 梯形图程序的编程、下载和调试的步骤。

习　题

1．简述安装 PLC 编程软件 CX-Programmer 和 CX-Simulator 仿真软件的步骤。

2．使用 CX-Programmer 软件将例 9-1 进行编写、编译、下载调试。

3．使用 CX-Simulator 软件仿真例 9-1 梯形图程序的运行。

参考文献

[1] 程周．电气控制与 PLC 原理及应用[M]．北京：电子工业出版社，2009.

[2] REHG J A．Programmable Logic Controllers [M]．北京：电子工业出版社，2008.

[3] OMRON．CPM1A_2A_2AH_2C Programming Manual W353-C1-04 http://www.omron.com.cn/

[4] 杜从商．PLC 编程应用基础[M]．北京：机械工业出版社，2005.

[5] 廖常处．S7-300/400PLC 应用教程[M]．北京：机械工业出版社，2011.

[6] 胡汉辉．可编程序控制器应用技术[M]．北京：科学出版社，2009.

[7] 王庭友．可编程控制器原理及应用[M]．北京：国防工业出版社，2005.

[8] 冯小玲．可编程控制器原理及应用[M]．北京：人民邮电出版社，2011.